U0954353

# 第二次青海省气候变化评估报告

杨昭明　李红梅　主编

气象出版社
China Meteorological Press

## 内 容 简 介

本书系统地揭示了青海高原近60年来各气候要素的变化特征，分析了气候变化对水资源、生态环境、农业、畜牧业、能源、人体健康等的影响特征，并基于未来情景预估资料，预估了青海高原未来气候变化趋势及可能存在的风险，结合青海未来发展规划、战略定位等，有针对性地提出了适应气候变化的对策建议。

本书可为青海各级决策部门开展应对气候变化、生态文明建设、气象防灾减灾等工作提供决策依据，同时可为从事气候变化、生态、水文等研究的业务科研工作者提供参考。

**图书在版编目（CIP）数据**

第二次青海省气候变化评估报告 / 杨昭明，李红梅主编. -- 北京 : 气象出版社，2021.8
ISBN 978-7-5029-7534-0

Ⅰ. ①第… Ⅱ. ①杨… ②李… Ⅲ. ①气候变化—评估—青海 Ⅳ. ①P468.244

中国版本图书馆CIP数据核字(2021)第169631号

**第二次青海省气候变化评估报告**
Di-Er Ci Qinghai Sheng Qihou Bianhua Pinggu Baogao

**出版发行**：气象出版社
**地　　址**：北京市海淀区中关村南大街46号　　**邮政编码**：100081
**电　　话**：010-68407112(总编室)　010-68408042(发行部)
**网　　址**：http://www.qxcbs.com　　**E-mail**：qxcbs@cma.gov.cn
**责任编辑**：隋珂珂　　**终　　审**：吴晓鹏
**责任校对**：张硕杰　　**责任技编**：赵相宁
**封面设计**：艺点设计
**印　　刷**：北京建宏印刷有限公司
**开　　本**：710 mm×1000 mm　1/16　　**印　　张**：4
**字　　数**：100千字
**版　　次**：2021年8月第1版　　**印　　次**：2021年8月第1次印刷
**定　　价**：40.00元

# 本书编委会

**主　编**：杨昭明　李红梅

**副主编**：白彦芳　张　璐　刘义花

**编　委**（按拼音排序）：

曹晓云　段丽君　冯晓莉　胡亚男

李万志　刘彩红　刘　鹏　祁门紫仪

申红艳　王剑琼　王宁章　温婷婷

肖建设　余　迪　赵慧芳　朱西德

祝存兄

# 前　言

全球气候变化已是不争的事实。尽管气候变化的原因仍有待探索，但气候变化已经对全球自然和社会经济产生了重大影响，积极应对气候变化是人类社会可持续发展的迫切需要，加强气候变化事实和影响的科学分析，让更多人了解气候变化，对科学应对气候变化具有非常重要的意义。

科学应对气候变化，必须有效地把握气候变化的基本情况，掌握未来可能的变化趋势，提出行之有效的对策措施。2010 年，青海省气象局发布第一次《青海省气候变化评估报告》，为依靠科技创新应对气候变化提供了基本依据，产生了积极影响。在此基础上，2020 年，青海省气象局深入开展研究，汲取科技界极具价值的结论和成果，启动了《第二次青海省气候变化评估报告》的编制工作，力求系统、客观地反映青海省气候变化领域的最新研究进展，为地方应对气候变化提供科学参考。

《第二次青海省气候变化评估报告》系统地描述了青海省气候变化的基本事实和未来气候变化趋势，并对气候变化产生的影响和未来可能的影响进行了评估，提出了新形势下推进应对气候变化工作的建议和对策，可为青海生态文明建设、防灾减灾等工作提供决策参考。

本书共分为 4 章，前言由刘彩红编写；第 1 章，气候变化的事实，由刘鹏、温婷婷、祁门紫仪、王剑琼、胡亚男、王宁章编写；第 2 章，气候变化的影响，由李红梅、杨昭明、肖建设、白彦芳、张璐、刘义花、申红艳、赵慧芳、祝存兄、曹晓云、冯晓莉、段丽君、余迪编写；第 3 章，未来气候变化及可能风险预估，由李红梅编写；第 4 章，适应气候变化对策建议，由朱西德、李万志编写。

作者

2021 年 6 月

# 目　录

# 第 1 章　气候变化的事实

## 1.1　全球和亚洲温度变化

### 1.1.1　全球地表平均温度

世界气象组织（World Meteorological Organization，WMO）发布的《2019 年全球气候状况声明》指出，2019 年全球平均温度较工业化前水平（1850—1900 年平均值）高出约 1.1 ℃，位列 2016 年之后，为有完整气象观测记录以来的第二暖年份。2015—2019 年，是有完整气象观测记录以来最暖的 5 个年份；20 世纪 80 年代以来，每个连续 10 年都比前一个 10 年更暖。长序列观测资料和再分析数据集综合分析表明：全球变暖趋势进一步持续（图 1.1）（中国气象局气候变化中心，2020）。

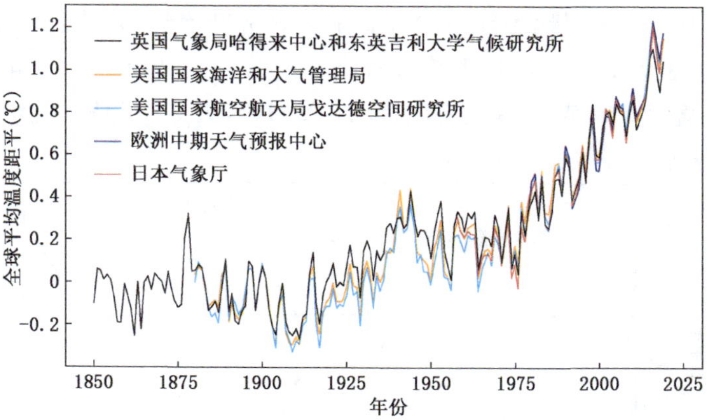


图 1.1　1850—2019 年全球平均温度距平（相对于 1850—1900 年平均值）

### 1.1.2 亚洲陆地表面平均气温

1901—2019 年，亚洲陆地表面年平均气温总体呈明显上升趋势，自 20 世纪 60 年代末以来，升温趋势尤其显著(图 1.2)。1901—2019 年，亚洲陆地表面平均气温上升了 1.65 ℃。1951—2019 年，亚洲陆地表面平均气温呈显著上升趋势，速率为 0.23 ℃/10a(中国气象局气候变化中心，2020)。

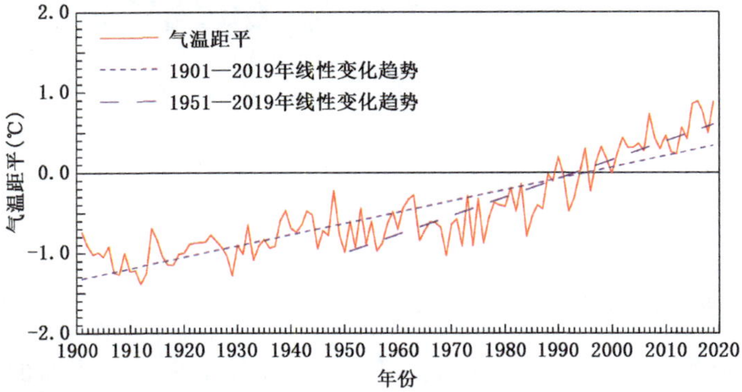


图 1.2　1901—2019 年亚洲陆地表面年平均气温距平

## 1.2 中国气候变化特征

### 1.2.1 中国地表气温变化

1901—2019 年，中国地表年平均气温呈显著上升趋势，并伴随明显的年代际波动，期间中国地表年平均气温上升了 1.27 ℃(图 1.3)。1951—2019 年，中国地表年平均气温呈显著上升趋势，增温速率为 0.24 ℃/10a，近 20 年是 20 世纪初以来的最暖时期(中国气象局气候变化中心，2020)。

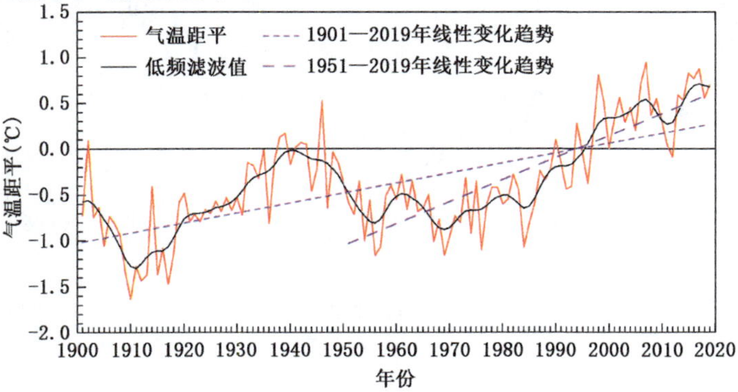


图 1.3　1901—2019 年中国地表年平均气温距平

### 1.2.2 中国降水量变化

1961—2019 年,中国平均年降水量变化趋势不明显,呈微弱增加趋势,但具有明显的年代际变化特征(图 1.4)。20 世纪 80—90 年代中国平均年降水量以偏多为主,21 世纪最初 10 年总体偏少,2012 年以来降水持续偏多。此外,2016 年、1998 年和 1973 年是排名前三位的降水高值年,2011 年、1986 年和 2009 年是排名前三位的降水低值年(中国气象局气候变化中心,2020)。

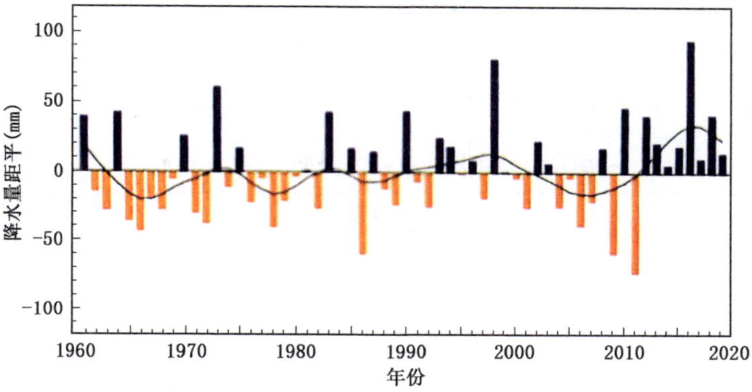


图 1.4 1961—2019 年中国平均年降水量距平变化

## 1.3 青海基本气候变化的事实

### 1.3.1 平均气温

1961—2019 年青海省年平均气温为 2.2 ℃,总体呈升高趋势,升温率为 0.38 ℃/10a(图 1.5a)。与 1961—2000 年平均值相比,进入 21 世纪以来增温幅度较大,2001—2019 年年平均气温升高 1.3 ℃。各地呈一致的升温趋势,其中青海西北部升温幅度较大,中东部升温幅度相对较小(图 1.5b)。黄南州升温率最大为 0.43 ℃/10a,海南州升温最小为 0.32 ℃/10a,各行政区升温率详见表 1.1。

1961—2019 年,青海省春、夏、秋、冬季的平均气温分别为 3.2 ℃、12.6 ℃、2.2 ℃、−9.5 ℃,均呈升高趋势,升温率分别为 0.32 ℃/10a、0.36 ℃/10a、0.40 ℃/10a、0.52 ℃/10a,其中冬季平均气温升温率最大。春季和夏季平均气温在柴达木盆地和河湟地区升温幅度较大,秋季和冬季平均气温在柴达木盆地西部和三江源部分地区升温幅度较大(图 1.6)。

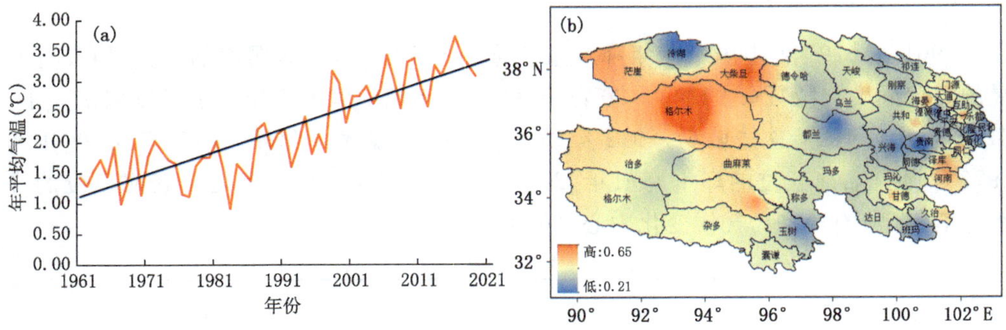


图 1.5　1961—2019 年青海省年平均气温变化(a)、年平均气温变率空间分布(℃/10a)(b)

**表 1.1　1961—2019 年不同行政区升温率**　　(℃/10a)

| 区域 | 西宁市 | 海东市 | 海西州 | 玉树州 | 果洛州 | 海南州 | 海北州 | 黄南州 |
|---|---|---|---|---|---|---|---|---|
| 升温率 | 0.35 | 0.35 | 0.40 | 0.36 | 0.35 | 0.32 | 0.40 | 0.43 |

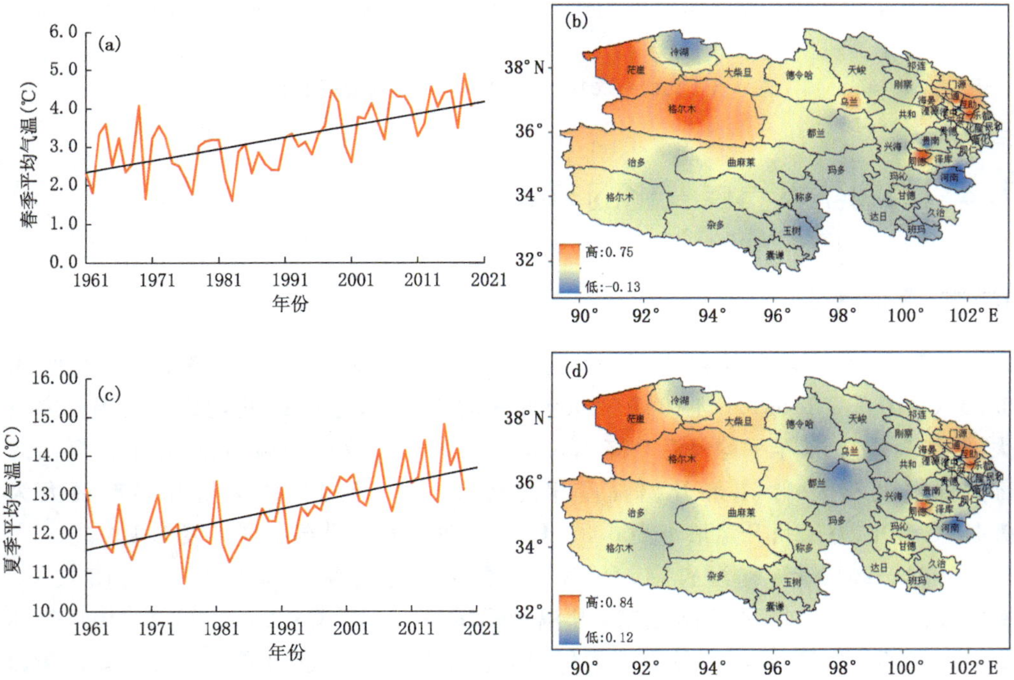

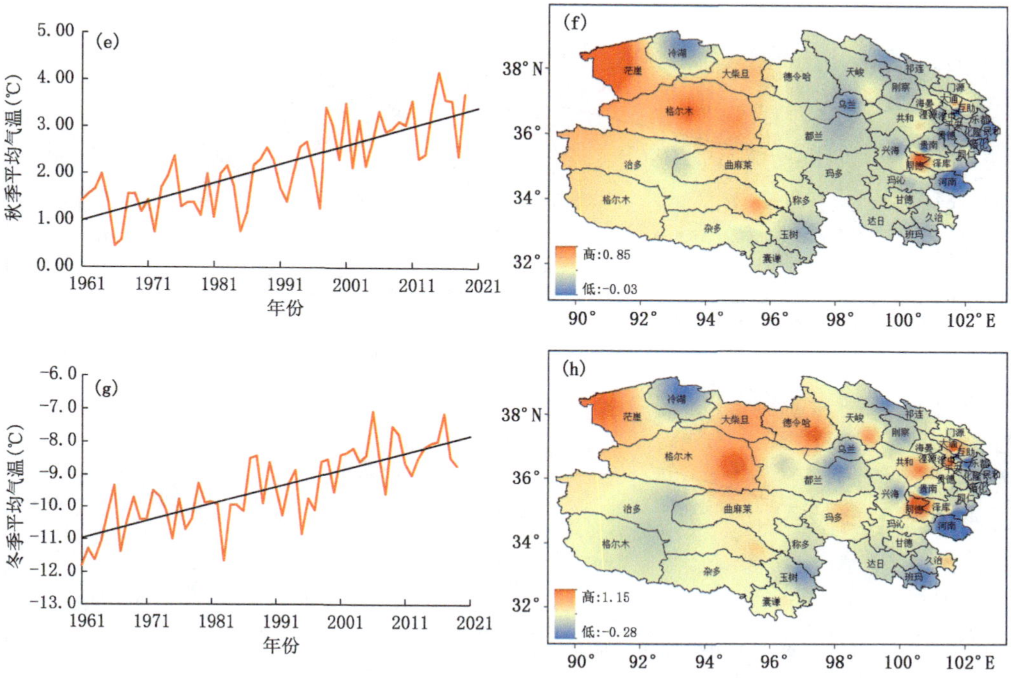


图 1.6　1961—2019 年青海省春、夏、秋、冬季平均气温变化(a)、(c)、(e)、(g)，春、夏、秋、冬季平均气温变率空间分布(℃/10a)(b)、(d)、(f)、(h)

### 1.3.2　最高、最低气温

1961—2019 年，青海省年平均最高和最低气温分别为 10.27 ℃和－4.33 ℃，均呈升高趋势，升温率分别为 0.33 ℃/10a 和 0.49 ℃/10a。年平均最高和最低气温呈明显不对称变化，最低气温的升温率大于最高气温的升温率(图 1.7a 和 c)。

年平均最高气温在柴达木盆地中部及三江源区中东部升温幅度明显，其中甘德升温率最大，为 0.54 ℃/10a(图 1.7b)。年平均最低气温在柴达木盆地西部和三江源区西部升温率较大，其中茫崖升温率最高，为 0.80 ℃/10a(图 1.7d)。

### 1.3.3　降水

1961—2019 年，青海省年平均降水量为 372.2 mm，总体呈增多趋势，平均每 10 年增多 9.2 mm(图 1.8a)，2018 年为青海省近 59 年来降水量最多的年份，年降水量达 484.2 mm。从空间变率分析，柴达木盆地东部、祁连山区和三江源部分地区年降水量增加趋势明显，其中乌兰增幅最大，为 26.4 mm/10a；柴达木盆地西部、青海东部边缘地区年降水量呈减少趋势，其中互助减幅最大，为 9.3 mm/10a(图 1.8b)。各行政区降水量变率见表1.2。

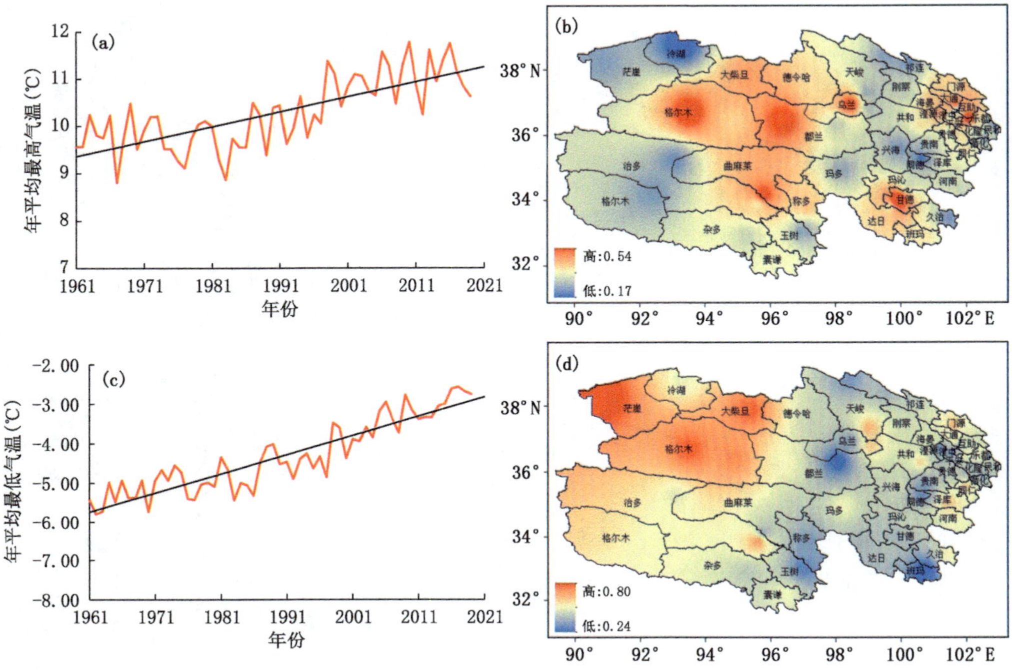


图1.7　1961—2019年青海省年平均最高、最低气温变化(a)、(c),年平均最高、最低气温变率空间分布(℃/10a)(b)、(d)

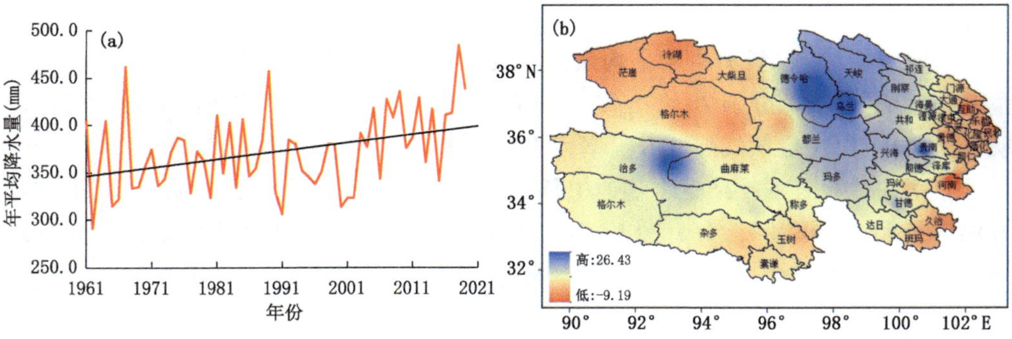


图1.8　1961—2019年青海省年平均降水量变化(a)、年平均降水量变率空间分布(mm/10a)(b)

**表1.2　1961—2019年不同行政区年降水量变率**　(mm/10a)

| 区域 | 西宁市 | 海东市 | 海西州 | 玉树州 | 果洛州 | 海南州 | 海北州 | 黄南州 |
|---|---|---|---|---|---|---|---|---|
| 变率 | 9.0 | −2.2 | 11.9 | 9.5 | 8.4 | 12.9 | 13.9 | 3.6 |

### 1.3.4 风速

1969—2019 年，青海省年平均风速为 2.33 m/s，总体呈明显减小趋势，平均每 10 年减小 0.16 m/s。20 世纪 60—90 年代，年平均风速持续减小，进入 21 世纪年平均风速略有上升(图 1.9a)。从空间变率分析，柴达木盆地年平均风速减小明显，其中茫崖减小幅度最大，平均每 10 年减小 0.58 m/s(图 1.9b)。

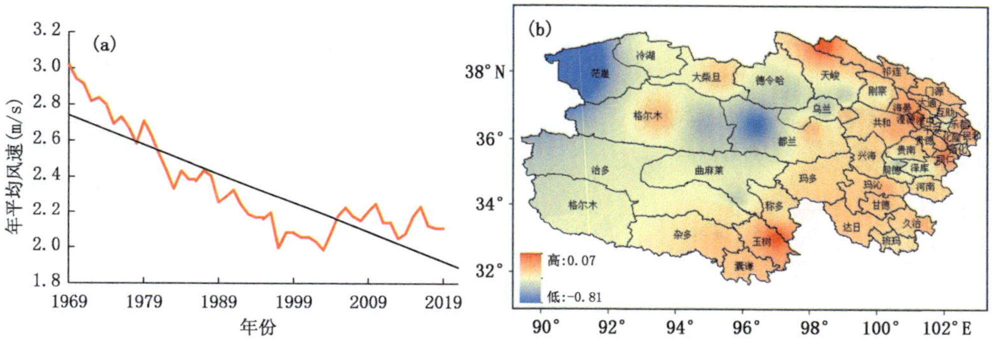


图 1.9　1969—2019 年青海省年平均风速变化(a)、年平均风速变率空间分布(m/(s·10a))(b)

### 1.3.5 蒸发

1961—2019 年，青海省年平均蒸发量为 1007.1 mm，呈微弱增加趋势，增加速率为 4.5 mm/10a(图 1.10a)。空间变率差异较大，其中青海东部、格尔木等地年蒸发量增加明显，青海中部地区呈减小趋势(图 1.10b)。

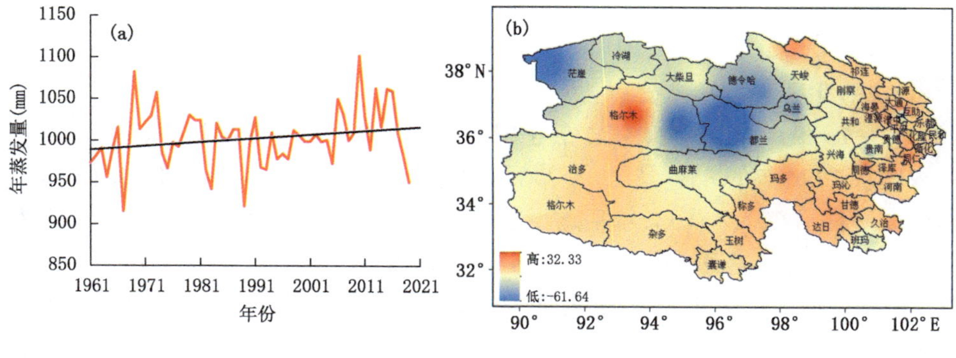


图 1.10　1961—2019 年青海省年平均蒸发量变化(a)、年蒸发量空间变率分布(mm/10a)(b)

### 1.3.6 地温

1961—2019 年，青海省年平均地表温度为 5.9 ℃，呈升高趋势，平均升温率为 0.52 ℃/10a。从年际变化来看，20 世纪 60 年代初期至 80 年代初期，年平均地温总体呈减小趋势，1983 年后增温趋势明显，2016 年年平均地温达到最高，为 7.28 ℃（图 1.11a）。从空间分布上看，青海西部地区升温幅度较大（图 1.11b）。

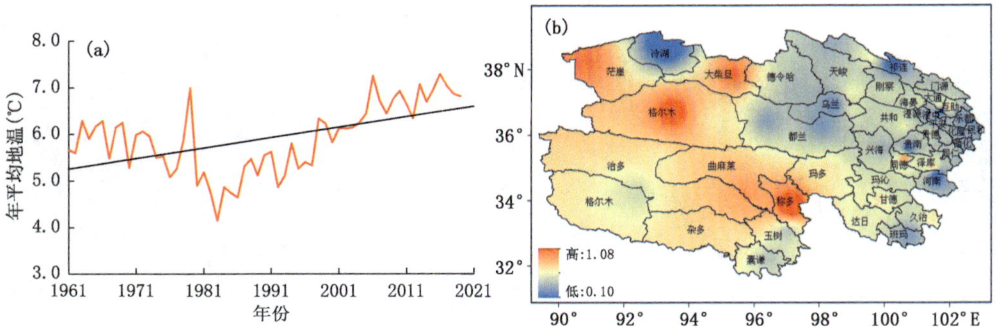


图 1.11 1961—2019 年青海省年平均地表温度变化(a)、地表温度空间变率分布(℃/10a)(b)

### 1.3.7 太阳辐射

1961—2020 年，青海省格尔木、西宁太阳总辐射呈减少趋势，平均每 10 年分别减少 47.84 MJ/m$^2$ 和 88.01 MJ/m$^2$（图 1.12a，b）。玉树太阳总辐射呈增加趋势，增加速率为 22.11 MJ/(m$^2$ · 10a)，且有明显的阶段性变化，20 世纪 60 年代末至 70 年代中后期太阳总辐射偏低（图 1.12c）。

### 1.3.8 大气成分

（1）二氧化碳

1994—2019 年，瓦里关大气二氧化碳（$CO_2$）浓度呈逐年增加趋势（图 1.13a），年平均浓度从 1994 年的 359.02 ppm* 增加到 2019 年的 411.14 ppm，26 年间 $CO_2$ 年平均浓度增长了 52.12 ppm，年平均增长率为 2.11 ppm/a。2019 年 $CO_2$ 月均浓度最大值出现在 4 月，达到 415.65 ppm，最小值出现在 7 月，为 404.71 ppm。瓦里关大气 $CO_2$ 浓度季节变化特征较为明显，表现为冬、春季偏高，夏、秋季偏低（图 1.13b）。

---

* 1 ppm=$10^{-6}$，下同。

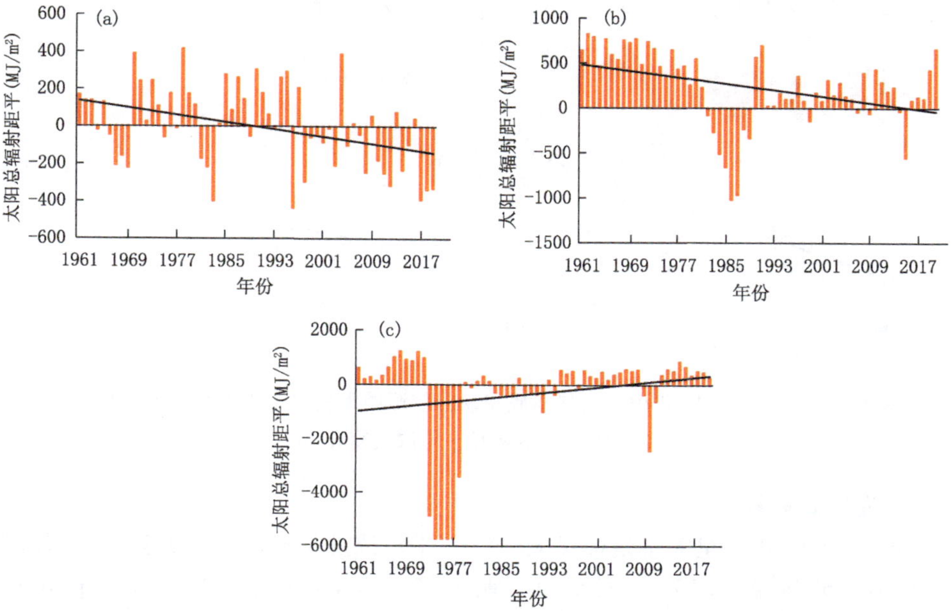


图 1.12　1961—2020 年青海省格尔木(a)、西宁(b)、玉树(c)太阳总辐射距平变化

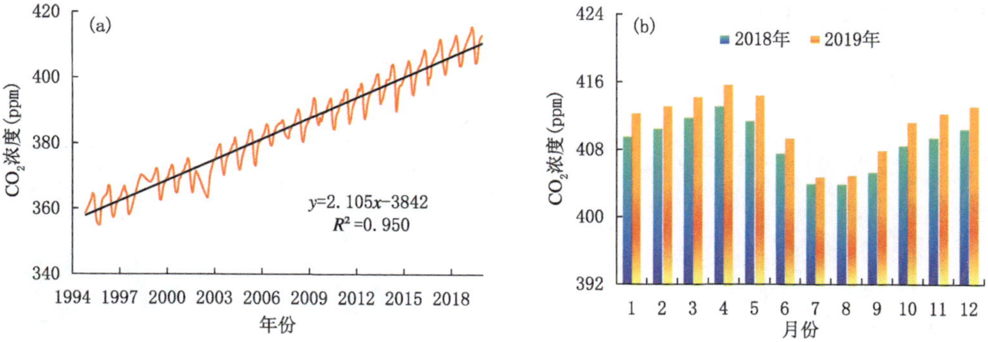


图 1.13　1994—2019 年中国大气本底观象台监测的 $CO_2$ 年平均浓度变化(a)、2019 年大气 $CO_2$ 月平均浓度变化(b)

(2)甲烷

1994 年 8 月至 2019 年 12 月，瓦里关大气甲烷($CH_4$)浓度年平均值呈线性增长趋势(图 1.14a)，年平均浓度从 1807.94 ppb*(1994 年)增加到 1927.33 ppb(2019 年)，年平均增长率约为 4.59 ppb/a。2019 年瓦里关大气甲烷浓度月平均最高值出现在 9 月，达到 1939.81 ppb，最低值出现在 4 月，为 1916.56 ppb。瓦里关大气甲烷

* 1 ppb$=10^{-9}$，下同。

浓度有明显的季节性变化特征，春、冬季偏低，夏、秋季偏高。

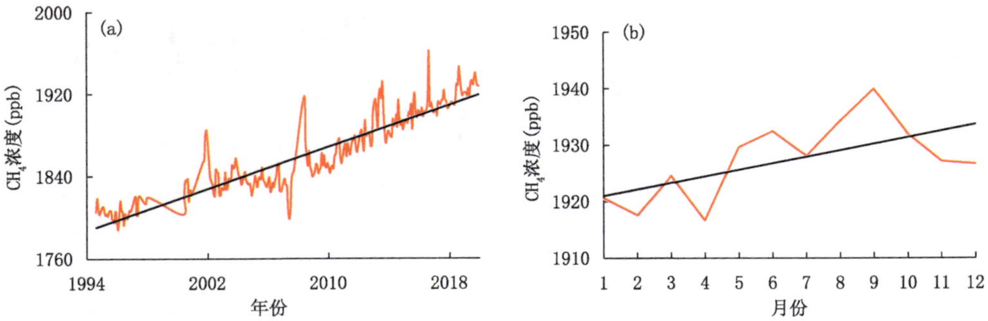


图 1.14　1994—2019 年中国大气本底观象台监测的大气甲烷年平均浓度变化(a)、2019 年大气甲烷月平均浓度变化(b)

(3)近地面臭氧

1994—2019 年瓦里关本地面臭氧($O_3$)年平均浓度呈波动上升趋势，年平均增长率为 0.42 ppb/a(图 1.15a)。最低值出现在 1994 年，年平均浓度为 43.2 ppb，最高值出现在 2011 年，年平均浓度为 53.8 ppb。臭氧浓度有明显的季节变化特征，春、夏季地面臭氧的浓度明显高于秋、冬季，浓度最高值出现在夏初(7 月)，最低值出现在冬季 12 月(图 1.15b)。

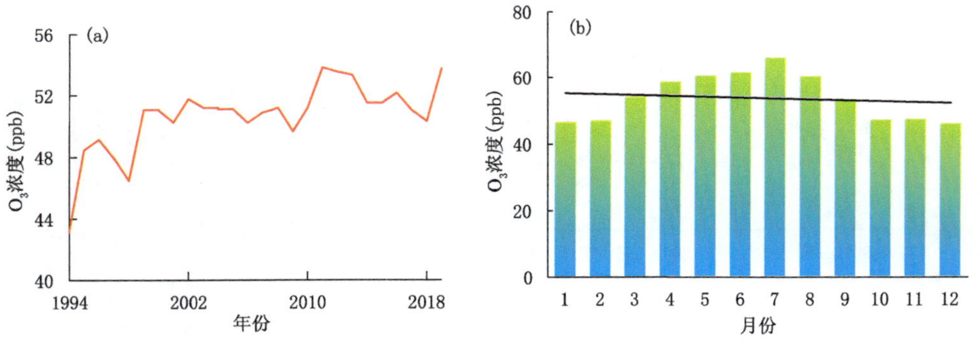


图 1.15　1994—2019 年中国大气本底观象台监测的地面臭氧年平均浓度变化(a)、2019 年地面臭氧月平均浓度变化(b)

## 1.4　极端天气气候事件变化特征

采用由 WMO(世界气象组织)气候委员会等组织联合成立的气候变化监测和指标专家组定义的极端天气气候指数标准，分析极端温度指数和极端降水指数，主要包括暖昼日数、冷夜日数、霜冻日数、冰封日数、中雨日数、强降水量、持续干期。

### 1.4.1　极端气温指数

1961—2019 年，青海省暖昼日数呈显著增加趋势（图 1.16a），平均每 10 年增加 6.4 d。进入 21 世纪后暖昼日数迅速增多，2010 年达到最大值 71 d。与极端气温暖指数变化趋势相反，极端气温冷指数包括冷夜日数（图 1.16b）、霜冻日数（图 1.16c）、冰封日数（图 1.16d），均呈显著减少趋势，平均每 10 年分别减少 8.4 d、4.2 d、6.5 d。大致从 2003 年开始冷夜日数、霜冻日数、冰封日数均维持较短的天数，2003 年前、后两个时段分别相差 13.6 d、13.7 d、7.3 d。

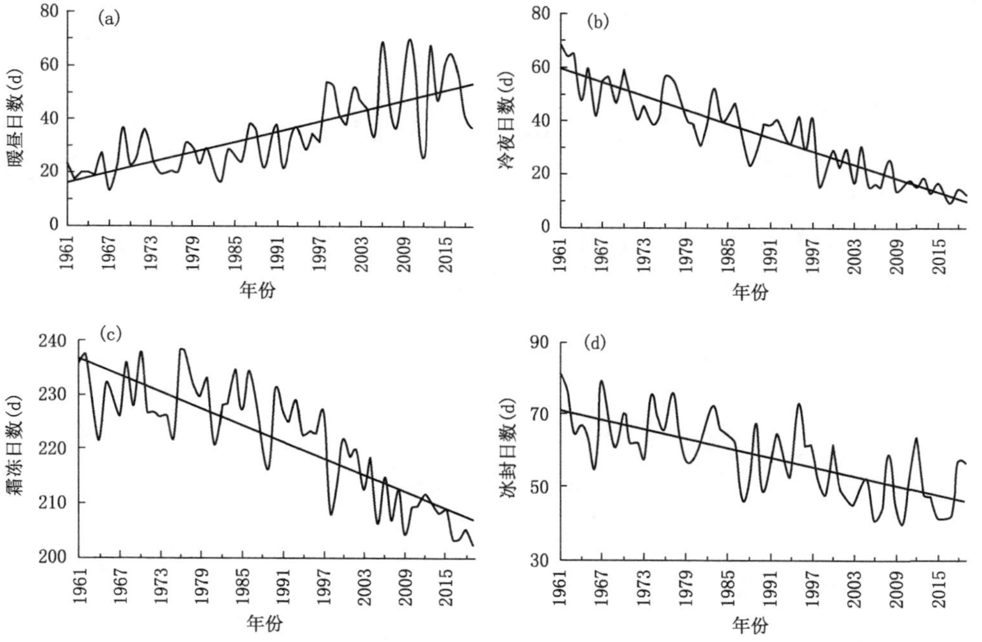


图 1.16　1961—2019 年青海省暖昼日数(a)、冷夜日数(b)、霜冻日数(c)和冰封日数(d)变化

1961—2019 年，青海省各市（州）暖昼日数均呈增多趋势，其中西宁增多最明显，平均每 10 年增多 7.1 d，海北州增多最少，平均每 10 年增多 5.1 d。与常年值相比，大通、互助、甘德、班玛及茫崖、诺木洪、乌兰等地增加明显，平均每 10 年增加 8.4～11.8 d，五道梁、沱沱河、河南、久治、祁连、天峻增加幅度较小，平均每 10 年增加不足 4.0 d（图 1.17a）。

1961—2019 年，青海省各市（州）冷夜日数均呈减少趋势，其中海西减少最明显，平均每 10 年减少 12.2 d，玉树、果洛变化幅度相对较小，平均每 10 年减少 7.4 d（表 1.3）。从气象站点变化来看，茫崖、格尔木、德令哈的冷夜日数减少最明显，平均每 10 年减少幅度为 16～19.8 d，而玉树、称多、曲麻莱平均每 10 年减少不足 6.0 d(图 1.17b)。

1961—2019 年，青海省各市(州)霜冻日数均呈减少趋势，其中海西州减少最明显，平均每 10 年减少 6.5 d(表 1.3)。从气象站点变化来看，甘德、同德、海晏及茫崖的霜冻日数减少最明显，平均每 10 年减少 10.2～26.3 d，而西宁、贵南、都兰、化隆等地减少幅度相对较小，平均每 10 年减少不足 4.0 d(图 1.17c)。

1961—2019 年，冰封日数变化趋势与霜冻日数变化趋势类似，均呈减少趋势，其中玉树州减少最明显，平均每 10 年减少 5.4 d，而黄南州减少幅度最小，平均每 10 年减少 2.5 d(表 1.3)。从气象站点变化分析，海晏、甘德、治多、曲麻莱等地的冰封日数减少最明显，平均每 10 年减少 9.2～11.2 d，循化、乐都、民和、贵德、玉树减少幅度较小，平均每 10 年减少 2.1 d 以内(图 1.17d)(表 1.3)。

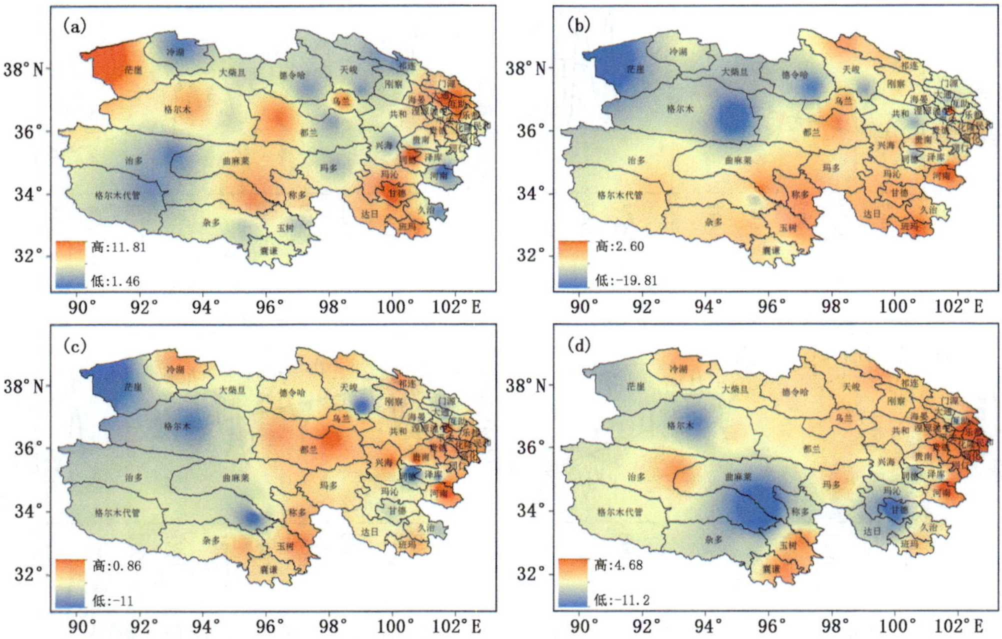


图 1.17 1961—2019 年青海省暖昼日数(a)、冷夜日数(b)、霜冻日数(c)和冰封日数(d)空间变率分布(d/10a)

**表 1.3 1961—2019 年青海省各市(州)平均暖昼日数、冷夜日数、霜冻日数和冰封日数变化趋势**

| 区域 | 暖昼日数(d) | 冷夜日数(d) | 霜冻日数(d) | 冰封日数(d) |
|---|---|---|---|---|
| 西宁市 | 7.41 | −9.80 | −4.72 | −3.47 |
| 海东市 | 6.54 | −8.95 | −4.80 | −3.48 |
| 海西州 | 5.49 | −12.17 | −6.52 | −4.99 |
| 海南州 | 6.66 | −10.02 | −4.99 | −4.47 |
| 海北州 | 5.13 | −8.14 | −5.58 | −4.64 |
| 玉树州 | 6.20 | −7.35 | −4.09 | −5.37 |

续表

| 区域 | 暖昼日数(d) | 冷夜日数(d) | 霜冻日数(d) | 冰封日数(d) |
|---|---|---|---|---|
| 果洛州 | 5.80 | −7.35 | −4.96 | −4.47 |
| 黄南州 | 5.20 | −7.65 | −3.98 | −2.49 |

### 1.4.2　极端降水指数

1961—2019 年，青海省中雨日数(图 1.18a)和强降水量(图 1.18b)总体呈增加趋势，平均每 10 年分别增加 0.5 d 和 8.3 mm。持续干期总体呈显著减少趋势，平均每 10 年减少 1.6 d(图 1.18c)。

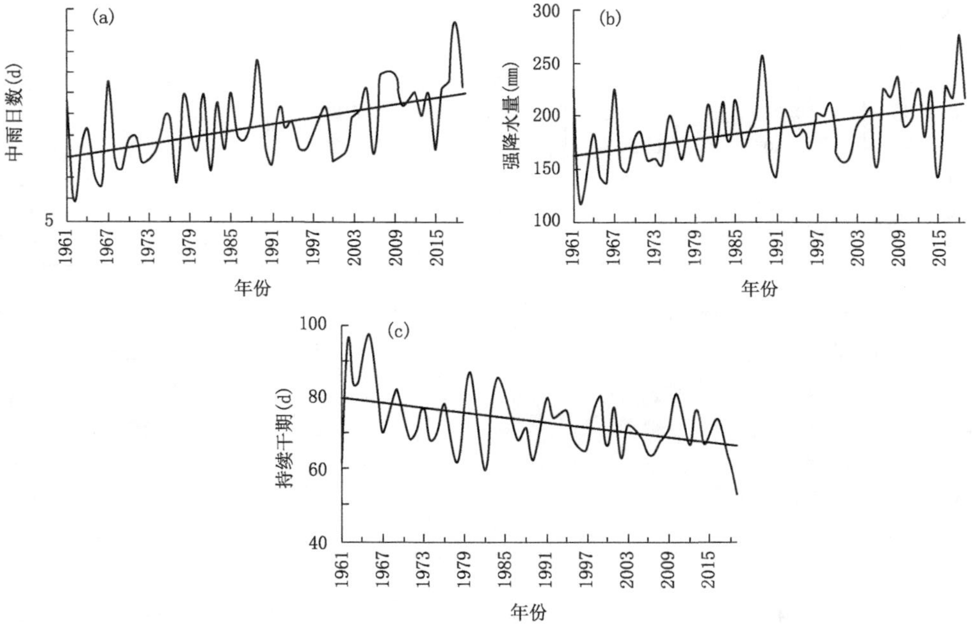


图 1.18　1961—2019 年青海省中雨日数(a)、强降水量(b)和持续干期(c)变化

1961—2019 年，果洛中雨日数最多，西宁次之，海西最少，年平均值分别为 13.9 d、13.6 d 和 3.4 d(表 1.4)。各市(州)中雨日数均呈增多趋势，其中海北增多最明显，平均每 10 年增多 0.94 d。从气象站点变化分析，乌兰、贵南、海晏、德令哈的中雨日数增多明显，平均每 10 年增加 1.0 d 以上。班玛减少最明显，平均每 10 年减少 0.7 d(图 1.19a)。

1961—2019 年，果洛强降水量最多，西宁次之，海西最少，分别为 298.3 mm、258.6 mm 和 75.3 mm。强降水量仅在海东呈减少趋势(2.5 mm/10a)，其他地区均呈增多趋势，其中海北增多最明显，平均每 10 年增多 11.0 mm(表 1.4)。从气象站点变化来看，刚察、五道梁、德令哈、天峻强降水量平均每 10 年增加 15.3～17.6 mm，甘德、班玛、互助呈减少趋势，平均每 10 年减少 7.2～10.1 mm，其中甘德是减少最明显的地区（图 1.19b）。

1961—2019 年，持续干期在海西最长为 103.8 d，果洛最少仅为 49.1 d。青海省各市（州）持续干期均呈减少趋势，海西减少最明显，平均每 10 年减少 3.2 d（表 1.4）。从气象站点变化分析，乌兰、小灶火持续干期明显减少，平均每 10 年分别减少 7.9 d、7.6 d。大通、平安明显增加，平均每 10 年增加 2.0 d、3.6 d（图 1.19c）。

**表 1.4　1961—2019 年青海省各市（州）平均中雨日数、强降水量、持续干期及变化趋势**

| | 中雨日数 | | 强降水量 | | 持续干期 | |
|---|---|---|---|---|---|---|
| | 平均值(d) | 趋势(d/10a) | 平均值(mm) | 趋势(mm/10a) | 平均值(d) | 趋势(d/10a) |
| 西宁市 | 13.64 | 0.50 | 258.56 | 5.44 | 59.65 | −0.15 |
| 海东市 | 9.85 | 0.57 | 197.48 | −2.52 | 67.11 | −0.10 |
| 海西州 | 3.41 | 0.44 | 75.31 | 6.65 | 103.83 | −3.18 |
| 海南州 | 10.05 | 0.60 | 182.83 | 7.20 | 72.55 | −1.62 |
| 海北州 | 10.60 | 0.94 | 216.19 | 11.03 | 67.22 | −1.63 |
| 玉树州 | 11.49 | 0.23 | 243.03 | 2.21 | 56.43 | −1.92 |
| 果洛州 | 13.93 | 0.59 | 298.29 | 1.57 | 49.13 | −2.31 |
| 黄南州 | 12.95 | 0.23 | 248.48 | 2.48 | 59.34 | −0.82 |

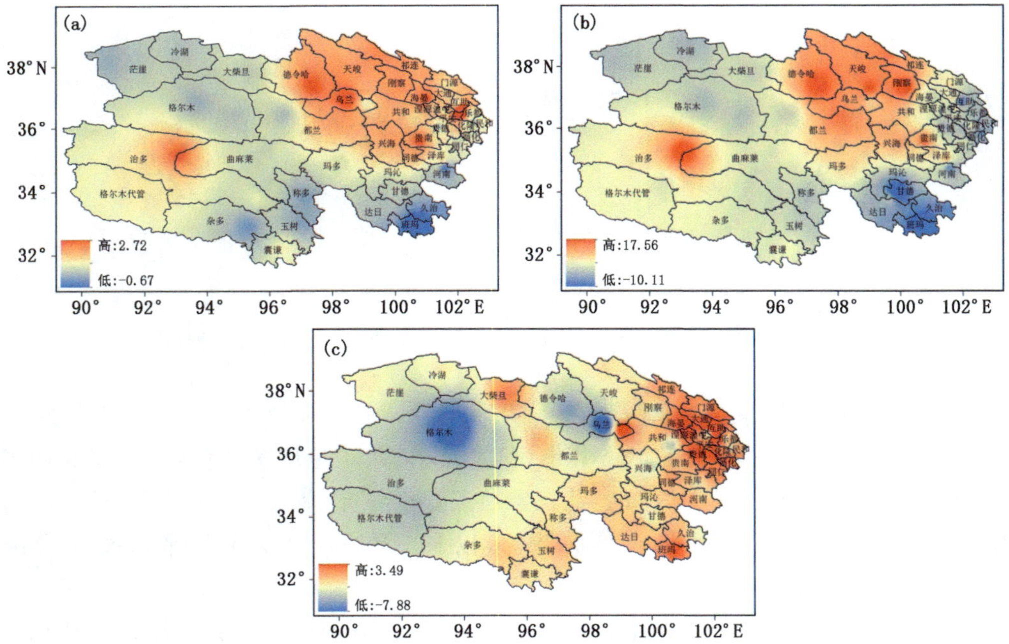


图 1.19　1961—2019 年青海省中雨日数(a)、强降水量(b)和持续干期(c)空间变率分布（单位：d/10a、mm/10a、d/10a）

### 1.4.3　灾害性事件指标

（1）冰雹

1961—2019 年，青海省冰雹日数玉树最多、果洛次之，分别为 13.5 d、11.3 d，海东最少，为 3.6 d。青海省冰雹日数总体上呈显著减少趋势，平均每 10 年减少 1.0 d（图 1.20a）。各市（州）冰雹日数均呈减少趋势，其中玉树减少最明显，平均每 10 年减少 2.4 d。从气象站点变化分析，甘德冰雹日数明显增多，平均每 10 年增加 1.0 d 以上，称多、杂多明显减少，平均每 10 年分别减少 4.5 d、3.6 d（图 1.20b）。

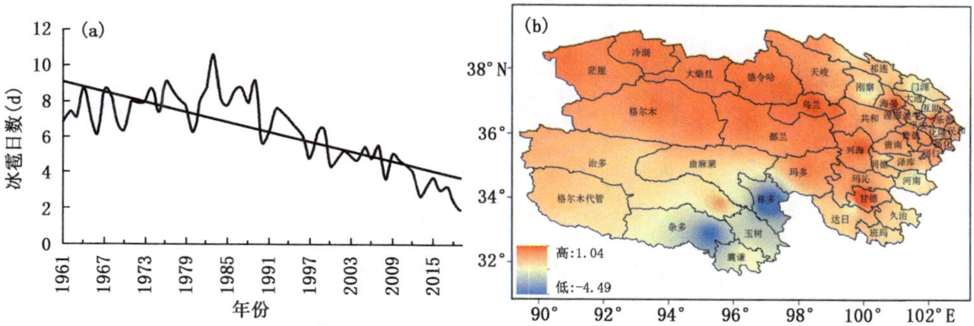


图 1.20　1961—2019 年青海省冰雹日数（a）变化及空间变率分布（d/10a）（b）

（2）沙尘

1961—2019 年，青海省沙尘日数海西最多、海南次之，分别为 5.6 d、4.4 d，海东最少为 0.3 d。青海沙尘日数总体上呈显著减少趋势，平均每 10 年减少 0.9 d（图 1.21a）。各市（州）沙尘日数均呈减少趋势，其中玉树减少最明显，平均每 10 年减少 1.5 d。从气象站点变化分析，曲麻莱、沱沱河、贵南、刚察沙尘日数减少天数在 2.6～3.6 d，其中曲麻莱减少最明显。此外，只有冷湖沙尘日数呈增加趋势，平均每 10 年增加 1.2 d（图 1.21b）。

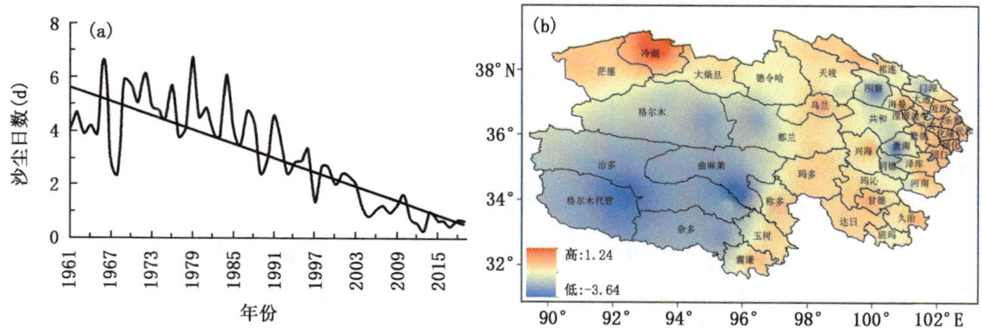


图 1.21　1961—2019 年青海省沙尘日数变化（a）及空间变率分布（d/10a）（b）

(3)雪灾

1961—2019 年，青海省年平均雪灾总发生次数变化趋势不明显(图 1.22a)，但年际间波动较大，其中 20 世纪 90 年代最多，60 年代最少。从各市(州)来看，雪灾次数在果洛最多、玉树次多、西宁最少，分别为 2.0 次、1.8 次、0.5 次。果洛、玉树雪灾次数呈增多趋势，平均每 10 年增多 0.11～0.31 次。从气象站点分布来看，湟中、互助、泽库雪灾总发生次数平均每 10 年减少 0.1 次，达日、曲麻莱、甘德平均每 10 年增多 0.1 次(图 1.22b)。

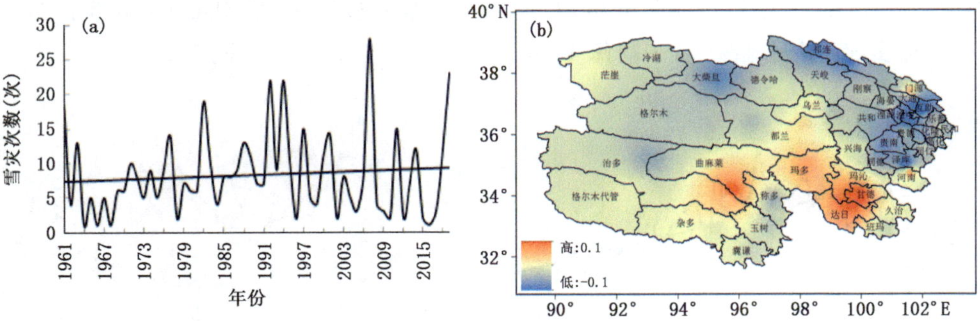


图 1.22　1961—2019 年青海省雪灾发生次数变化(a)和空间变率分布图(次/10a)(b)

轻度(图 1.23a)、中度(图 1.23b)、重度(图 1.23c)和特大雪灾(图 1. 23d)发生次数与雪灾总发生次数变化趋势基本相似，年代际变化明显，但总体变化趋势较弱。

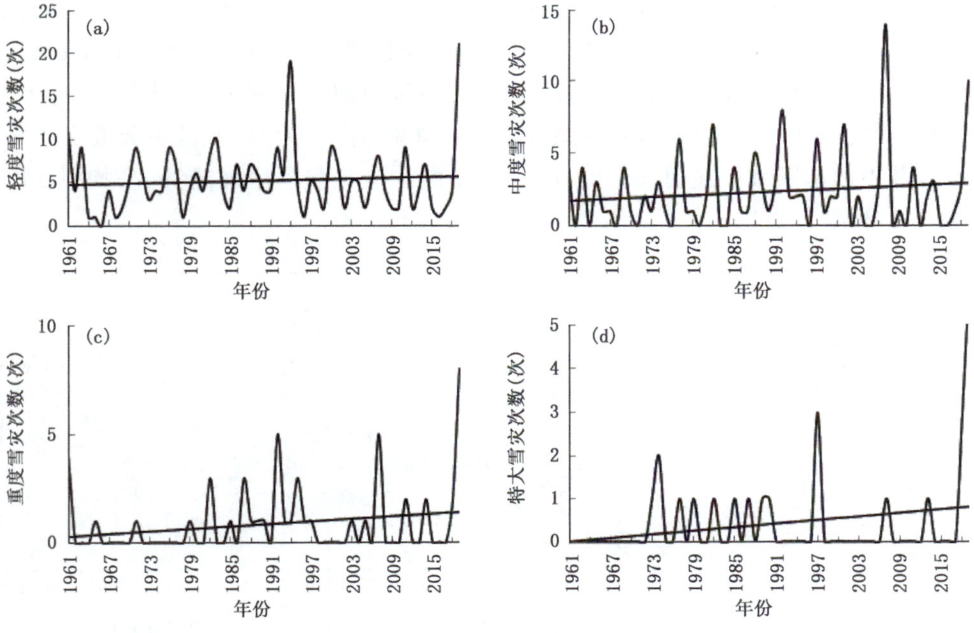


图 1.23　1961—2019 年青海省轻度(a)、中度(b)、重度(c)和特大(d)雪灾发生次数变化

(4)干旱

以 MCI 指数为监测指标监测青海省 40 个气象台站(海西为常年干旱区,不监测)平均干旱日数。1961—2019 年,青海省干旱日数总体呈减少趋势,平均每 10 年减少 2.5 d(图 1.24a)。从各市(州)来看(表 1.5),干旱日数在海东最多、海南次多、果洛最少,分别为 69.35 d、60.35 d、43.6 d。全省仅海东市干旱日数每 10 年增加 2.2 d,其余地区均呈减少趋势,减少速率为 0.5~7.1 d/10a。从气象站点分布来看,玛多平均每 10 年减少 10.0 d,互助、祁连等地平均每 10 年增多 7.4~14.3 d(图 1.24b)。

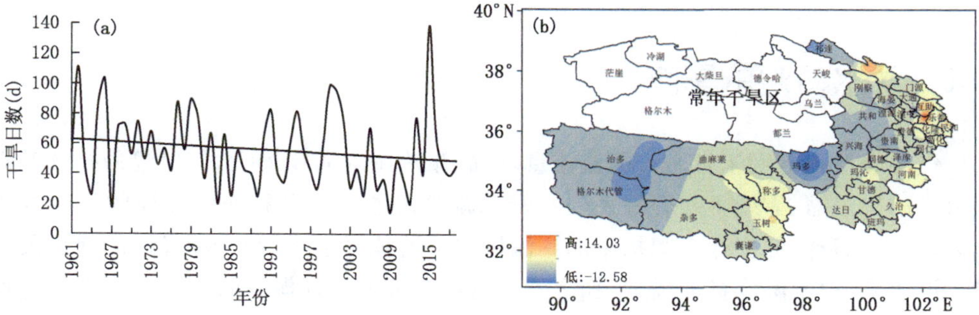


图 1.24 1961—2019 年青海省干旱日数变化(a)及空间变率(d/10a)(b)

**表 1.5 1961—2019 年青海省各市(州)冰雹日数、沙尘日数、雪灾次数、干旱日数变化趋势**

| | 冰雹日数 | | 沙尘日数 | | 雪灾次数 | | 干旱日数 | |
|---|---|---|---|---|---|---|---|---|
| | 平均值(d) | 趋势(d/10a) | 平均值(d) | 趋势(d/10a) | 平均值(次) | 趋势(次/10a) | 平均值(d) | 趋势(d/10a) |
| 西宁市 | 4.40 | −0.91 | 1.08 | −0.66 | 0.47 | −0.15 | 59.98 | −6.10 |
| 海东市 | 3.60 | −0.93 | 0.27 | −0.16 | 0.53 | −0.06 | 69.35 | 2.21 |
| 海南州 | 5.36 | −0.67 | 4.40 | −1.38 | 0.49 | −0.04 | 60.35 | −4.34 |
| 海北州 | 6.49 | −1.07 | 3.45 | −0.99 | 0.71 | −0.01 | 55.67 | −2.38 |
| 玉树州 | 13.53 | −2.42 | 3.25 | −1.48 | 1.80 | 0.17 | 49.76 | −0.49 |
| 果洛州 | 11.28 | −0.94 | 1.66 | −0.59 | 1.97 | 0.31 | 43.60 | −3.43 |
| 黄南州 | 5.62 | −0.85 | 0.84 | −0.13 | 0.66 | −0.01 | 57.70 | −1.90 |

# 第2章 气候变化的影响

## 2.1 对水资源的影响

气候暖湿化有利于青海省河流流量增加、湖泊湿地面积增大，但气温的持续升高导致了冰川退缩、雪线上升等一系列水资源减少现象。青海省作为重要的江河源头地区，地表水资源的变化会间接影响到流域中下游地区生态、社会和经济的建设及发展。近年来，由于降水量的增加，加之青海省积极推进三江源、祁连山、青海湖等重点生态工程建设，开展“中华水塔”等保护行动，持续加强生态文明建设工程的实施，青海省水资源已经朝“扭亏为盈”的趋势发展。

### 2.1.1 地表水资源量

1961—2019年，青海省地表水资源量年际变化明显，经历了“少—多—少—多”的变化趋势。20世纪60—70年代，地表水资源量总体偏少，80年代到90年代初以偏多为主，90年代至21世纪初又转为偏少，2003年以来地表水资源量明显偏多，2018年地表水资源量异常偏多，达到3486.2亿$m^3$，较常年值偏多30.6%，是近60年来地表水资源量最为丰富的一年。2019年，青海地表水资源量较常年值偏多18.5%，位列1990年以来的第二多；三江源流域的黄河源区、长江源区、澜沧江源区均明显偏多，分别较常年值偏多19.6%、19.3%、6.9%，柴达木盆地的巴音河流域较常年值偏多18.2%(图2.1)。

### 2.1.2 对湿地的影响

青海省湿地面积达8.1436万$km^2$，占全省土地总面积的11.3%，占全国湿地总面积的15.19%，居全国第一。湿地呈沼泽湿地大、类型多及分布不均衡的特点。由于全球气候持续变暖，高原气候暖湿化趋势明显，导致青海省冰川和积雪面积急剧缩减，存水加速疏散，许多湖泊面积扩张、水体淡化(省政协人口资源环境委员会、农工党青海省委，2019)。此外，卫星遥感监测表明，近年来青海省湖泊、湿地面积不断增

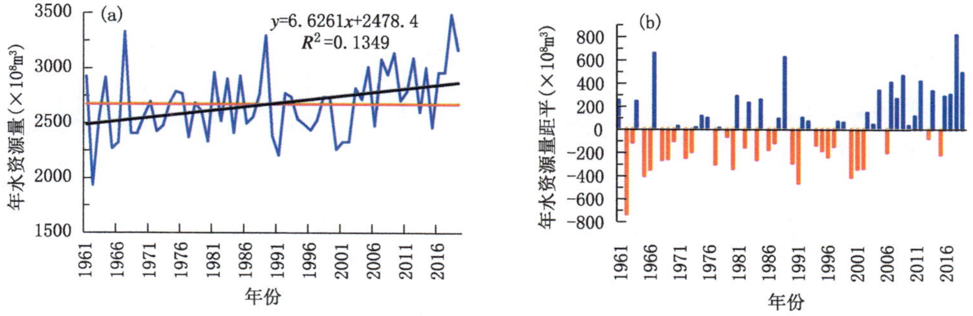


图 2.1　1961—2019 年青海省地表水资源量(a)及距平(b)

大、水位明显上升，其中扎陵湖、鄂陵湖水体面积增加速率分别为 13.5 $km^2$/10a、22.6 $km^2$/10a；青海湖水体面积已经连续增加 15 年，2019 年达到了 20 世纪 60 年代初的水平；2018 年哈拉湖面积比 2010 年增大了 37.9 $km^2$。蔡占庆等(2019)指出全省沼泽湿地变化幅度较大，最多年份是最低年份的 4.5 倍之多。

### 2.1.3　对河流的影响

1961—2019 年，青海省大多数河流年平均径流量在丰、枯交替变化过程中呈增多趋势，特别是长江源流域和巴音河流域的径流量增加明显，但黄河源区呈现微弱的减少趋势。20 世纪后半叶，青海省大部分河流流量总体处于低值期，进入 21 世纪后，暖湿化趋势导致河流流量明显增加。

(1)黄河源区

1961—2019 年，黄河源区唐乃亥水文站年平均径流量 623.9 $m^3/s$，总体呈减少趋势，平均每 10 年减少 14.1 $m^3/s$。黄河源区年平均径流量丰、枯交替比较频繁，自 2003 年开始，黄河源区降水量持续增加，流量增多，进入相对偏丰时段，2003—2019 年黄河上游平均流量达 647.1 $m^3/s$，较 1991—2002 年增加 123.8 $m^3/s$，偏多 23.7%。2018 年和 2019 年异常偏多，分别达到 912.7 $m^3/s$ 和 982.1 $m^3/s$(图 2.2)。

(2)长江源区

1961—2019 年，长江源区直门达水文站年平均径流量 444.2 $m^3/s$，总体呈增加趋势，平均每 10 年增加 19.4 $m^3/s$。进入 21 世纪后，降水量持续增加导致年流量增加明显，2001—2019 年长江源区年平均径流量达 560.5 $m^3/s$，较 1961—2000 年增加了 197.1 $m^3/s$，偏多 54.2%，其中 2011—2019 年增加最为显著，比 2001—2010 年平均多 122.9 $m^3/s$，偏多 24.5%(图 2.3)。

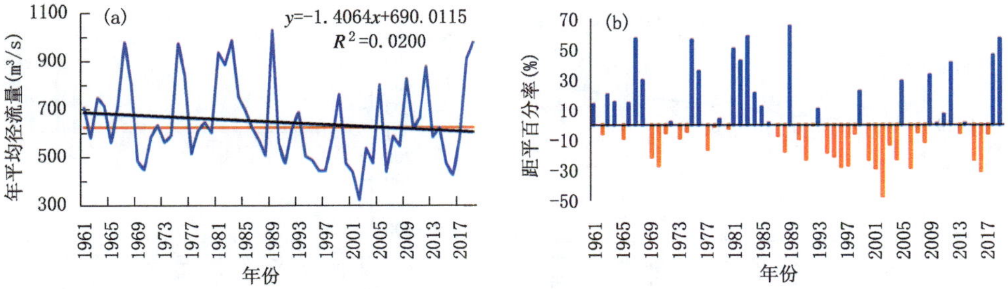


图 2.2　1961—2019 年黄河源区唐乃亥水文站年平均径流量(a)及距平百分率(b)变化

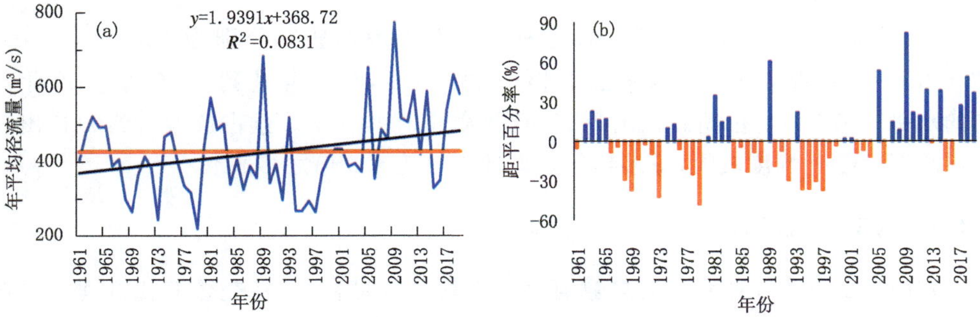


图 2.3　1961—2019 年长江上游直门达水文站年平均径流量(a)及距平百分率(b)变化

(3)澜沧江源区

1961—2019 年，澜沧江源区年平均径流量为 141.9 $m^3/s$，总体呈微弱增加趋势，平均每 10 年增加 1.2 $m^3/s$，澜沧江源区径流量总体呈“枯—丰—枯—丰”的变化，20 世纪 60 年代至 70 年代、20 世纪 90 年代初至 21 世纪 00 年代中期径流量以偏少为主，20 世纪 80 年代、2005 年以来径流量以偏多为主，其中 2005 年年平均径流量为历史最多(206.2 $m^3/s$)(图 2.4)。

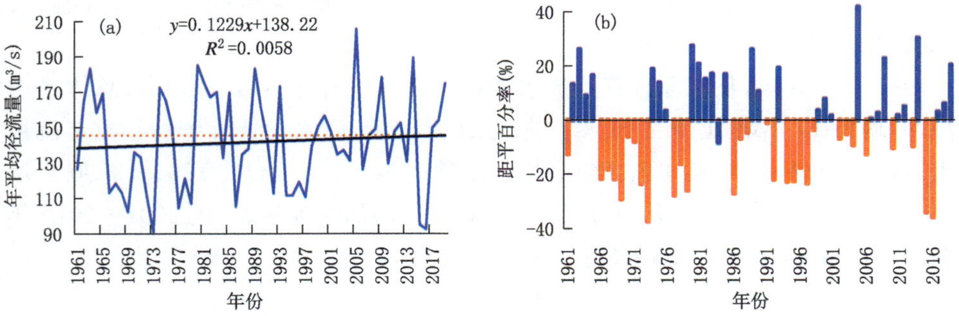


图 2.4　1961—2019 年澜沧江源年平均径流量(a)及距平百分率(b)变化

(4)巴音河

受气温升高、冰雪融水增多、降水量显著增加的影响，柴达木盆地内陆河流径流量呈增加趋势。1961—2019 年，巴音河年平均径流量为 202.9 $m^3/s$，总体呈明显增加趋势，平均每 10 年增加 25.8 $m^3/s$。20 世纪 60 年代至 80 年代中期径流量为增加阶段，80 年代中后期至 21 世纪初为平稳略增加期，2004 年之后呈现明显的增加趋势，其中 2018 年年平均径流量为历史最多，达到 398.1 $m^3/s$(图 2.5)。

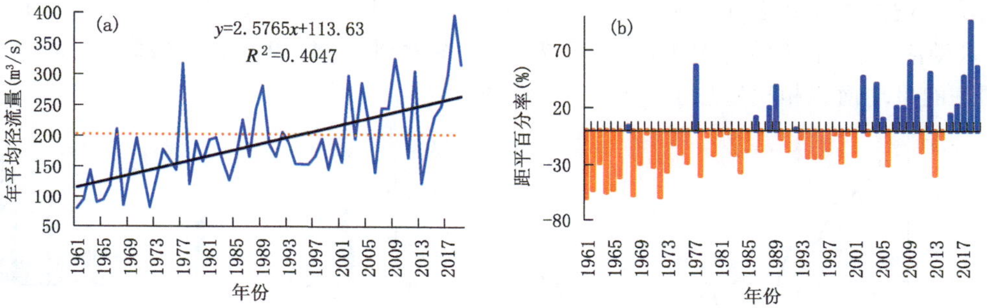


图 2.5　1961—2019 年巴音河年平均径流量(a)及距平百分率(b)变化

影响河流径流量的气候因子主要包括降水、蒸发与气温，气候变化对长江源区和柴达木盆地河流径流的影响最为显著，对黄河源区和澜沧江源区的影响次之。长江源区降水量显著增加，加之气候变暖导致冰川积雪融水增多、冻土融化，是引起长江源区地表水资源增加的主要原因。此外，南海夏季风减弱引起流域降水量的减少及全球变暖背景下蒸发量的增大和冻土的退化是导致黄河源区流量减少的气候归因(李林 等，2011)。

通过对比三江源生态保护和建设一期工程实施前后变化发现，黄河流域径流量在生态工程实施后有较快的恢复，与生态工程实施前 8 年的年平均径流量相比，唐乃亥站增加了 36.9 亿 $m^3$，吉迈站增加了 17.1 亿 $m^3$，但从长期趋势看，黄河流域年径流量的下降趋势仍没有得到扭转。受全球气候变暖、冰雪加速融化的影响，长江流域沱沱河水文站年径流量持续增加，直门达水文站径流量在工程期 8 年有较快的恢复，与生态工程实施前 8 年平均径流量相比增加了 39.2 亿 $m^3$，而且从长期趋势看，长江流域年径流量下降的趋势初步得到遏制(邵全琴 等，2017)。

### 2.1.4　对湖泊的影响

(1)对青海湖的影响

1956—2004 年，青海湖水位呈下降趋势，平均每 10 年下降 0.78 m，湖面萎缩、渔业资源减少、鸟类栖息环境恶化等生态环境效应凸显(杨萍 等，2013)。2005 年开始，受青海湖流域气候暖湿化的影响，入湖径流量增加，青海湖水位止跌回升（李林 等，2011；金章东 等，2013），转入上升期，目前已连续 15 年回升，累计上升 3.10 m；近 3 年水位加速上升，2019 年已接近 20 世纪 60 年代初期的水位（中国气象局气候变化中心，中国气候变化蓝皮书，2020）。2019 年，青海湖流域冰雪融水和降水补给量均较常年值偏多，湖泊水位达 3195.0 m，较常年值高出 2.40 m，较 2018 年上升 0.56 m，为 1961 年以来湖泊上升幅度最大的年份。青海湖湖体面积经历了先萎缩、后扩张的变化过程，2003 年以来年均径流量比 1956—2002 年增加了 6.0 亿 $m^3$，湖面降水增加了 3.8 亿 $m^3$，湖滨淹没区面积达到 222 $km^2$（王天慈 等，2020）。2019 年 9 月湖泊面积由 2010 年同期的 4268.76 $km^2$ 增大到 4484.79 $km^2$，与 2001—2010 年同期的平均面积相比增加了 210.53 $km^2$（图 2.6）。

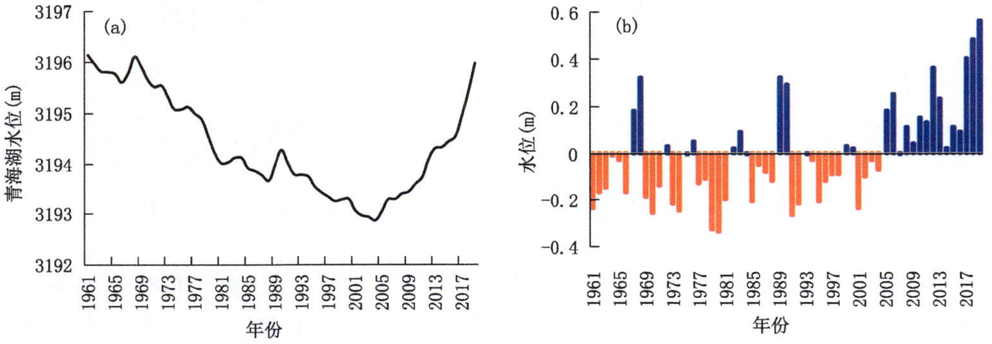


图 2.6　1961—2019 年青海湖水位(a)及年际变化(b)

（2）对黄河源区湖泊的影响

扎陵湖、鄂陵湖是黄河源区两个最大的淡水湖，根据卫星遥感监测，20 世纪 80 年代与 70 年代相比，扎陵湖湖面积增加，鄂陵湖减少；90 年代与 80 年代相比正好相反，鄂陵湖面积增加，扎陵湖减少，90 年代扎陵湖、鄂陵湖湖面面积与 70 年代水平相近。进入 21 世纪后，受冰川、积雪融水增加、降水量增多等综合因素影响，扎陵湖、鄂陵湖面积不断增加，尤其是三江源生态保护和建设工程实施后，面积增大速度加快（表 2.1）。2003—2019 年，扎陵湖和鄂陵湖平均面积为 554.10 $km^2$ 和 662.20 $km^2$，总体均呈增加趋势，平均每 10 年分别增加 13.54 $km^2$ 和 22.58 $km^2$，与 2003—2018 年平均值相比，2019 年扎陵湖和鄂陵湖面积分别增加了 4.6%和 3.9%（图 2.7）。

**表 2.1　扎陵湖及鄂陵湖面积（单位：$km^2$）**

| 序号 | 湖名 | 类型 | 1976 年 | 1986 年 | 1994 年 | 2001 年 | 2009 年 | 2019 年 |
|---|---|---|---|---|---|---|---|---|
| 1 | 扎陵湖 | 淡水 | 527.20 | 538.6 | 522.74 | 525.00 | 532.63 | 577.81 |
| 2 | 鄂陵湖 | 淡水 | 612.51 | 590.6 | 613.69 | 621.59 | 646.81 | 686.31 |

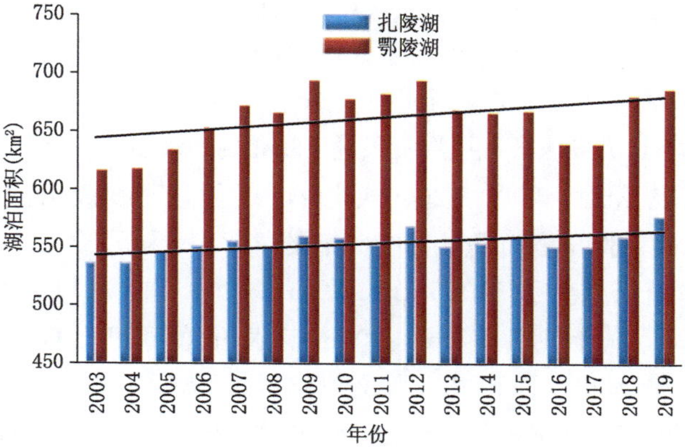


图 2.7 2003—2019 年三江源扎陵湖及鄂陵湖面积遥感动态监测变化

(3)对柴达木盆地湖泊的影响

卫星遥感监测表明，近年来柴达木盆地湖泊面积不断增大、水位明显上升。哈拉湖是柴达木盆地最大的湖泊，其水位和面积的变化特征大致与青海湖相一致，2005 年后湖泊水位呈上升趋势，湖泊面积出现增大趋势(吴素霞 等，2008)，2018 年湖泊面积比 2017 年增大 21.50 $km^2$，2019 年比 2018 年增大 7.50 $km^2$(表 2.2)。

**表 2.2 2005—2018 年哈拉湖水体面积(单位：$km^2$)**

| 年份 | 2006 | 2008 | 2015 | 2018 | 2019 |
|---|---|---|---|---|---|
| 面积 | 596.06 | 609.63 | 614.31 | 646.56 | 654.06 |
| 与上年相比 | −6.19 | 3.88 | 5.93 | 21.50 | 7.50 |

### 2.1.5 对冰川的影响

气候显著变暖已引起青海省内冰川加速消融和全面退缩，特别是进入 20 世纪 90 年代后期退缩速度明显加快(樊启顺 等，2005)。

(1)黄河源区阿尼玛卿山冰川面积

近 20 年来，黄河源区的阿尼玛卿山冰川面积既有退缩也有前进，但整体呈退缩趋势(王凯 等，2015；蒋宗立 等，2018)。1991—2009 年间阿尼玛卿冰川退缩面积为 15.30 $km^2$，前进面积为 4.46 $km^2$，总体面积呈持续退缩趋势，其中退缩最大的冰川长度缩短了 900 m(金姗姗 等，2013)。王凯等(2015)研究发现 1992—2001 年年均退缩速率为 0.71 $km^2/a$，而 2001—2010 年年均退缩速率为 0.38 $km^2/a$，这表明近 10 年冰川面积的退缩速率减慢，且指出温度升高是阿尼玛卿山冰川退缩的主要原因。

(2)长江源区各拉丹东地区冰川面积

卫星冰川监测显示，1973—2015 年各拉丹东各主体冰川面积均出现了显著波动退缩趋势，总面积也呈一致的变化特征，其中雪山东侧的冰舌比西侧退缩更严重，即面积较小的3#冰川其消融或退缩速度更快，面积较大的则相对较为缓慢。2013年（面积最小时）与1973年（面积最大时）相比，3#冰川面积缩减达到14.75 $km^2$，占总面积的18%；2#缩减110.95 $km^2$，占总面积的16.59%；1#冰川面积减少17.34 $km^2$，占总面积的8.0%（表2.3）。2000—2010年，由于气候显著变暖引起源区冰川面积全面退缩和加速消融，冰川总面积由2000年的2121.9 $km^2$迅速减小到2010年的1581.4 $km^2$，冰川面积减少了540.5 $km^2$。2011—2015年，冰川总面积有所回升，总面积增大速率为每10年163.5 $km^2$，2015年冰川总面积出现历史最高值，达到1105.3 $km^2$，2018年冰川总面积又有所退缩（874.71 $km^2$）（图2.8）。

**表2.3 1973—2015年8个时相各拉丹东各冰川主体卫星影像提取的冰川面积（单位：$km^2$）**

| 时间 | 1#冰川面积 | 2#冰川面积 | 3#冰川面积 | 总冰川面积 |
|---|---|---|---|---|
| 1973-06-10 | 198.07 | 668.55 | 81.76 | 948.38 |
| 1986-07-30 | 194.06 | 664.90 | 75.85 | 934.81 |
| 1999-07-10 | 188.45 | 640.76 | 79.19 | 908.40 |
| 2006-09-07 | 185.40 | 615.63 | 73.77 | 874.79 |
| 2008-08-11 | 202.67 | 644.96 | 76.86 | 924.49 |
| 2009-08-30 | 185.41 | 614.43 | 74.20 | 874.04 |
| 2013-08-13 | 180.73 | 557.60 | 67.01 | 805.34 |
| 2015-07-05 | 182.82 | 597.57 | 71.80 | 852.19 |

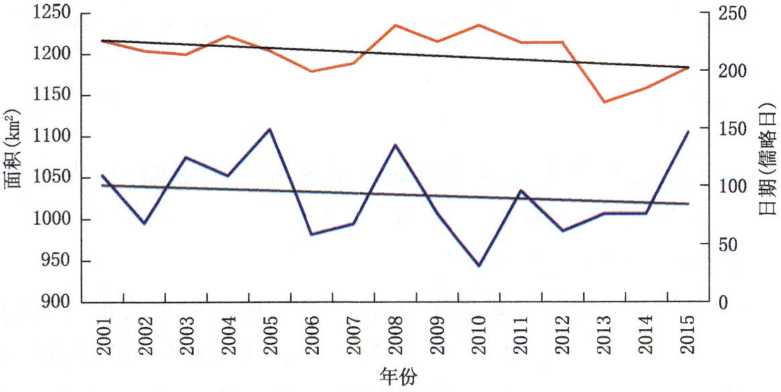


图2.8 2001—2015年长江源头各拉丹东冰川总面积（红线）及儒略日（蓝线）变化

（3）祁连山冰川面积

祁连山冰川是青海省中西部干旱地区的重要水资源来源，共有冰川2683条，总面积1597.81 $km^2$。1987—2018年祁连山冰川一直处于退缩状态，31年间祁连山冰川面积共减少了638.30 $km^2$，总退缩比例达30.68%，年退缩率达到了0.99%。祁连山冰川面积年退缩率已经从 1956—1990 年的 0.58% 变为 1987—2018 年的 0.99%，退缩速率大幅加快。2001 年是祁连山冰川面积变化的转折年，1987—2001 年冰川面积减少了 389.26 $km^2$，年均退缩率为 1.34%，明显高于祁连山的整体年均退缩率(0.99%)；而 2001—2018 年间冰川面积年均退缩率仅为 0.87%。由此可见，进入 21 世纪以来，祁连山冰川面积的退缩速度明显放缓(汪赢政 等,2020)。

## 2.2　对生态环境的影响

### 2.2.1　植被覆盖度

2003—2019 年，青海省植被低覆盖度面积呈略微减少趋势，植被中、高覆盖度面积呈增加趋势，平均每 10 年分别增加 1.2%、1.5%(图 2.9)。植被覆盖改善明显的区域主要分布于青海湖周边地区、祁连山区和三江源部分区域(图 2.10)。

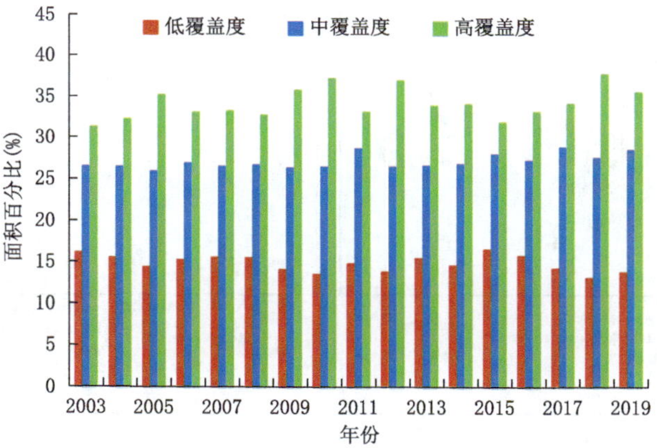


图 2.9　2003—2019 年青海省各等级植被覆盖度占区域面积百分比变化

### 2.2.2　植被生态质量

2000—2019 年，青海省植被生态质量总体趋好，但空间分布差异较大。在三江源国家源区，生态质量趋好的区域面积占园区总面积的 92.42%，其中，黄河源园区植被生态质量趋好最为明显，澜沧江源和长江源部分地区有所下降(图 2.11a)。祁连山国家公园大部分地区植被生态质量指数呈上升趋势，尤其在园区中东部区域表现明显(图 2.11b)。柴达木盆地生态质量改善区域面积达 96.58%，仅在中部和西部的零星地区植被生态质量下降(图 2.11c)。

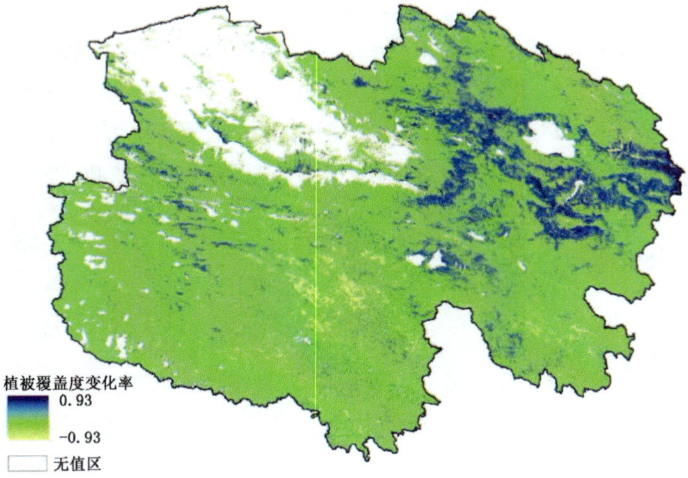


图 2.10　2003—2019 年青海省植被覆盖度变化率(%)

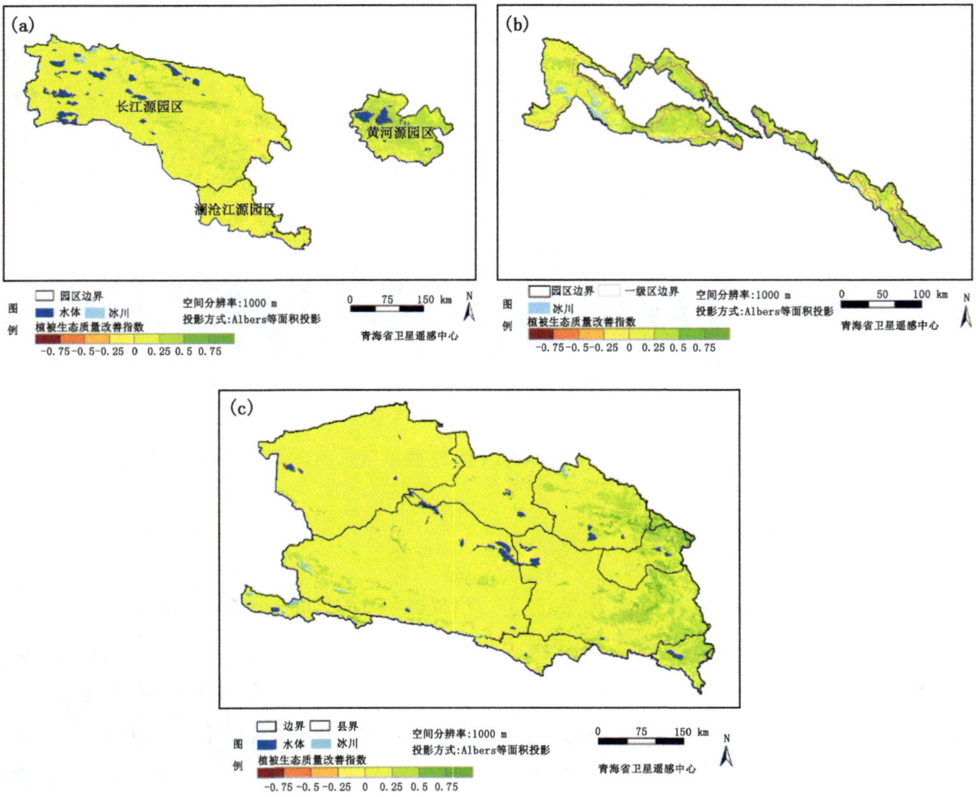


图 2.11　2000—2019 年三江源国家公园(a)、祁连山国家公园(b)和柴达木盆地(c)植被生态质量指数变化

### 2.2.3　植被固碳释氧能力

2000 年以来，气候条件的变化有利于植被恢复，植被覆盖度逐步增加，三江源国家公园、祁连山国家公园和柴达木盆地植被固碳释氧能力也在逐年增加，其中祁连山区增加趋势最明显，固定二氧化碳和释放氧气的量分别以平均每 10 年 101.9 g/m$^2$ 和 72.1 g/m$^2$ 的速率增加(图 2.12a)。三江源国家公园植被固碳释氧能力次之，固定二氧化碳和释放氧气的量分别以平均每 10 年 56.3 g/m$^2$ 和 40.9 g/m$^2$ 的速率增加(图 2.12b)。柴达木盆地植被固碳释氧能力最弱，固定二氧化碳和释放氧气的量分别以平均每 10 年 35.9 g/m$^2$ 和 26.1 g/m$^2$ 的速率增加(图 2.12c)。

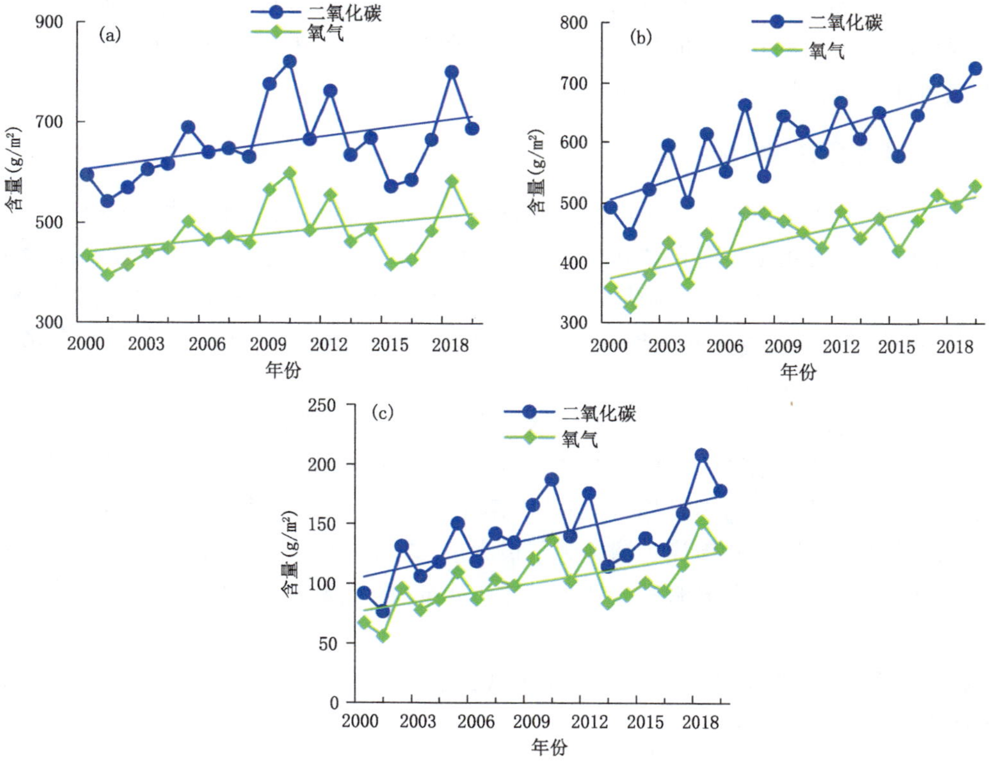


图 2.12　2000—2019 年三江源国家公园(a)、祁连山国家公园(b)和柴达木盆地(c)植被固碳释氧变化

### 2.2.4　生物多样性

气候变化已对许多物种的分布范围、丰富度以及物种间的相互作用有重要影响。IPCC 第四次评估报告指出，现有中等信度表明当全球增温超过 2～3 ℃(与前工业化水平相比)，评价的物种中将有 20%～30% 面临日益增加的灭绝风险，气候变暖正成

为破坏生物多样性的一个主要威胁因素(Parry et al.,2007;Gibson et al.,2013)。高寒草地作为青海高原生态系统的主体部分,是高寒生态系统物种及遗传基因最丰富和最集中的地区之一(秦大河,2014;董世魁 等,2016),也是受气候变化影响最明显的区域之一。有研究表明,降水格局的改变会引起群落结构发生适应性的变化,对生态系统的结构、功能(群落组成、生物多样性、物种之间的关系等)有显著影响。例如,降水的增加使优势物种的相对重要值有所降低,但某些物种的重要值提高,其中灌木和阔叶杂草的增加尤为明显(干珠扎布 等,2015)。海北高寒草甸模拟的增温实验发现,植物物种多样性随着增温时间的推移呈先增加后减少的变化趋势,其中草甸群落物种数减少 7%,灌丛群落的物种数减少 30%(周华坤 等,2000;赵艳艳 等,2015)。在青藏高原腹地对典型高寒草甸和沼泽草甸模拟不同增温梯度的研究表明,适度增温导致了 3 个物种的重要值上升,5 个物种的重要值下降,但过度增温使温室内的物种更趋于单一化(李娜 等,2011)。

### 2.2.5 土地荒漠化

青海沙漠化土地空间分布广泛。面积最大的严重沙漠化土地集中分布在柴达木盆地,此外,沙漠化也分布在共和盆地、青海湖东北岸及玛多等地;重度沙漠化土地集中分布在柴达木盆地的托素湖周边,中度沙漠化土地分布在青海省西南部的高原区,分布相对零散;轻度沙漠化土地面积较少,且分布不集中,一般存在于中度沙漠化土地的周边外围(丁永建,2017)。

荒漠化是指包括气候变异和人为活动在内的多种因素造成的干旱、半干旱和亚湿润干湿地区的土地退化。1960—2009 年,青海省沙漠化土地、风蚀残丘和流动、半流动及固定沙丘都呈增加趋势,特别是沙漠化土地面积在 40 多年间增加了一倍多。戈壁面积在 20 世纪 80 年代后期达到了最大值,之后呈减少趋势(图 2.13)。2010—2014 年,青海省荒漠化土地面积减少 5.1 万 $hm^2$,年均减少 1.02 万 $hm^2$;沙化土地面积减少 5.7 万 $hm^2$,年均减少 1.14 万 $hm^2$(《青海省第五次荒漠化及沙化监测成果报告》),荒漠化土地的减少主要与近年来气候暖湿化有利于植被恢复和积极实施生态保护措施有密切关系。

### 2.2.6 冻土

全球气候持续变暖导致多年冻土温度升高、活动层厚度增加、面积减少,而季节冻土的最大冻结深度明显变浅。1961—2019 年,青海省土壤最大冻结深度平均每 10 年减小 2.3 cm,与 1961—1999 年平均相比,2000—2019 年平均最大冻结深度减薄了 9.1 cm,2000—2019 年最大冻结深度减小趋势较 1961—2017 年明显增强,达到 5.5 cm/10a(图 2.14a)。受气候变暖影响,冻土开始冻结日期明显推迟,推迟速率为 3.3 d/10a(图 2.14b),而完全融化日期明显提前,提前速率为 3.2 d/10a(图 2.14c),尤其

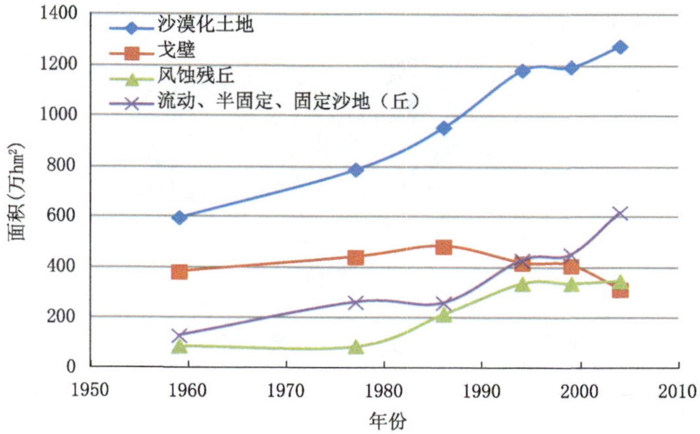


图 2.13　1960—2014 年青海省沙化土地变化图

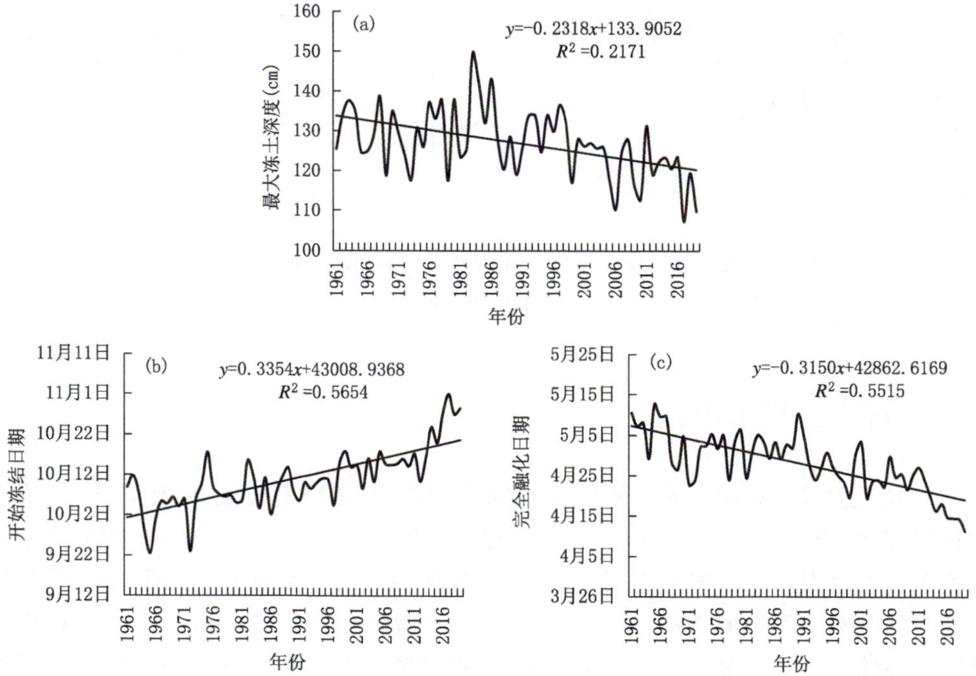


图 2.14　2000—2019 年青海省年最大冻土深度(a)、开始冻结期(b)和完全融化日期(c)变化

是近几年冻土物候期变化异常明显，气候变暖使得地表年均温度由负变正，冻土冻结期缩短，融化期延长。

青海省冻土变化的空间差异较大，祁连山区、青海湖北部和玉树中部冻土退化明显，而柴达木盆地西部年最大冻土深度略有增加。三江源中部冻土物候期变化较为明显，表现为开始冻结日期推迟，完全解冻日期提前(图 2.15)。

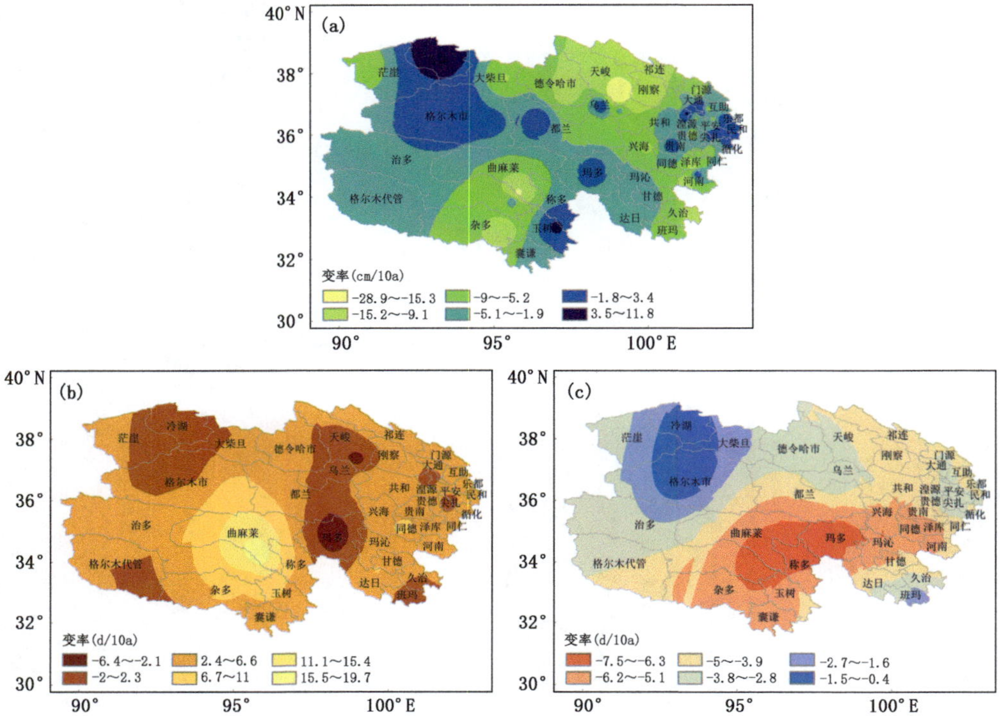


图 2.15　2000—2019 年青海省年最大冻土深度(a)、开始冻结期(b)和完全融化日期(c)变率空间分布

## 2.3　对农业的影响

气候变化首先影响农业气候资源，其次是影响农作物生长发育、作物产量、农业种植制度和种植结构(郭佳 等,2019)。由热量资源、光资源、水分资源构成的农业气候资源是决定农业生产的基本因素，而气候变化会直接影响热量、光照、水分等气候资源在时间和空间上的格局(周义 等,2011)。青海农业区主要分为两个区域，即东部河湟谷地与柴达木盆地。热量条件不足、水分缺乏是影响东部农业区作物生长发育的主要因子，柴达木盆地则为完全依赖灌溉的绿洲农业区。

### 2.3.1　对种植结构的影响

气候变暖背景下，农耕期的热量资源显著增加，有利于青海省农业品种布局和改进种植制度：一是农作物适宜种植区向高海拔推进，可种植区域扩大，扩大了农作物的种植面积；二是农作物复种指数明显增加，多熟制区域明显北扩，特色经济作物种植面积不断增大(张秀云 等,2017);三是缩短了农作物营养生长期,生殖生长阶段延长,缩短了全生长期,有利于引进新品种、调整优化种植业结构(张强 等,2015)。目前,青海省粮食作物种植面积呈明显减少趋势(图 2.16a),从 1985 年的 38.66 万 $hm^2$ 减少到 2018 年的 28.13 万 $hm^2$,减少速率为 4.9 万 $hm^2$/10a。油料作物种植面积明显扩大,从 1985 年的 9.49 万 $hm^2$ 扩大到 2018 年的 14.79 万 $hm^2$。蔬菜种植面积从 1985 年的 0.45 万 $hm^2$ 扩大到 2018 年的 4.4 万 $hm^2$,扩大了 9.8 倍(图 2.16b)。青海省枸杞种植面积也呈逐年扩大趋势,从 2013 年的 2.17 万 $hm^2$ 扩大到 2018 年的 8.06 万 $hm^2$(图 2.16b)。此外,循化县的线辣椒由 2003 年的 900 $hm^2$ 扩展到 2018 年 1700 $hm^2$(韩学义,2018)。

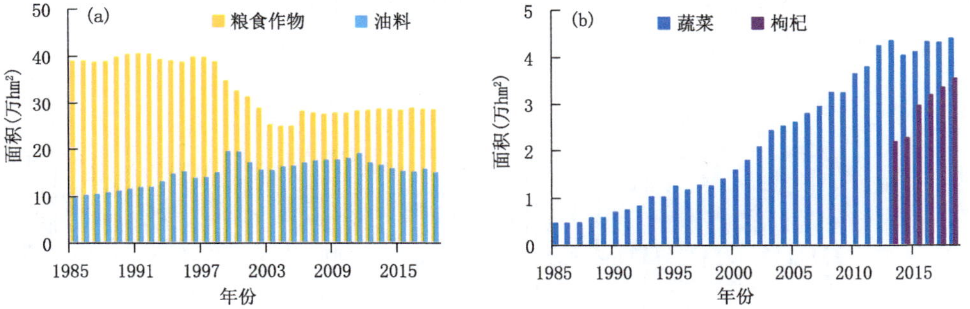


图 2.16　1985—2018 年青海省种植结构变化

## 2.3.2　对产量的影响

气候变暖使作物冬播期推迟、春播期较过去提前、种植制度发生变化,加之作物品种的多样与新技术的改良,单产增加,品质提高,复种指数提高(刘德祥 等,2005)。粮食作物单产由 1985 年的 2595 kg/$hm^2$ 提高到 2018 年的 3664 kg/$hm^2$,油料作物单产由 1985 年的 1045 kg/$hm^2$ 提高到 2018 年的 1923 kg/$hm^2$,蔬菜种植产量从 1985 年的 16.2 万 t 增加到 2018 年的 150.3 万 t(图 2.17)。

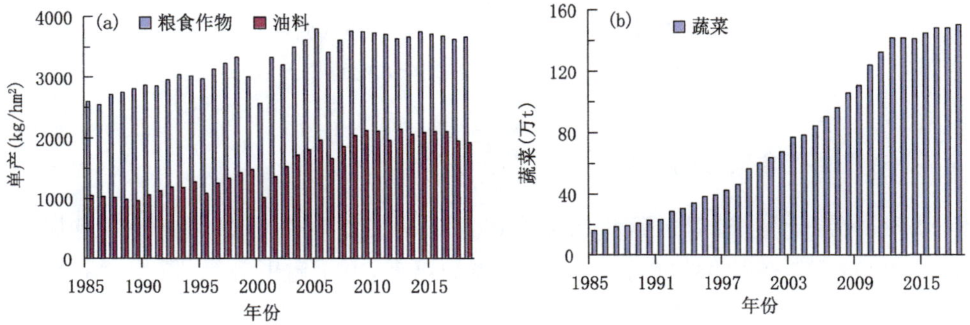


图 2.17　1985—2018 年青海省主要农作物单产变化

### 2.3.3 对生育期的影响

受全球变暖影响，气温升高，≥0 ℃、≥10 ℃活动积温明显增加，作物生长环境热量条件改变，气候变暖使小油菜播种期提前，成熟期推迟，生育期延长，为提高气候资源利用率和单位面积产量提供了保证(朱宝文 等,2006;屈柳燕 等,2017)。分析1990—2019年青海东部农业区4站(湟源、大通、互助、湟中)春小麦发育期资料发现，春小麦播种期集中在3月下旬至4月上旬，30年播种期基本无明显变化，成熟期集中在8月下旬至9月初，平均每10年提前4 d(图2.18a)。受气候变暖影响，东部农业区春小麦全生育期呈缩短趋势，平均每10年缩短5 d(图2.18b)。冬小麦以民和为例，民和冬小麦播种期集中在9月下旬至10月上旬(图2.18c)，播种期、拔节期、成熟期，分别以平均每10年6 d、7 d、5 d的速率提前(图2.18d)。

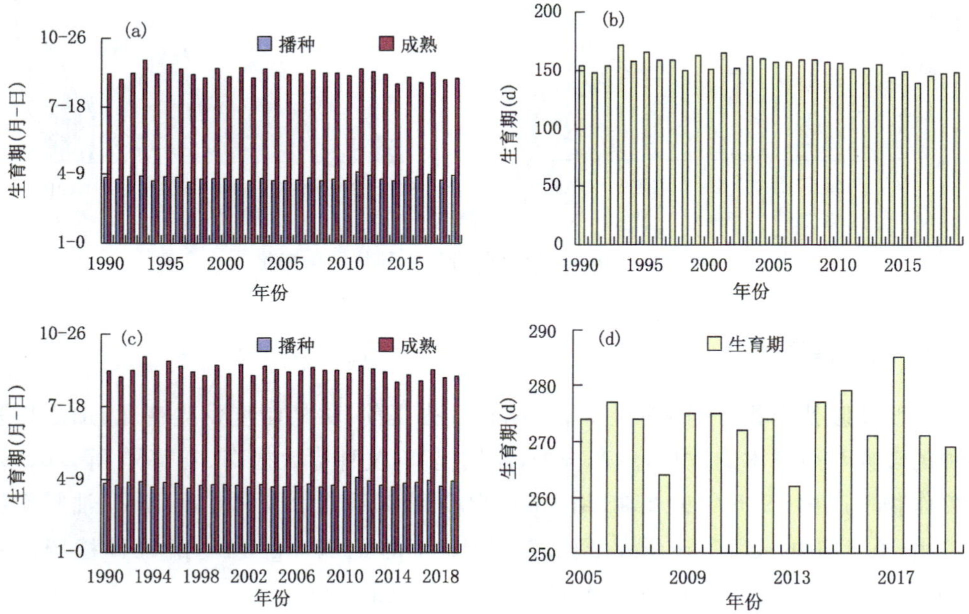


图2.18 1990—2019年青海省农业区春小麦播种期—成熟期日期(a)、生育期天数(b)以及民和冬小麦播种期—成熟期日期(c)、生育期天数(d)变化

### 2.3.4 对农业气象灾害的影响

暴雨洪涝、干旱、极端气温和低温冷害等极端气候事件对农业的影响愈加严重(Mirza,2003;江志红 等,2009)。进入21世纪以来，由于温度升高，物候期和生育期提前，晚霜冻危害加重，加剧了东部农业区干旱程度，旱灾损失加大。此外，农作物的适应性减弱，脆弱性增大，冰雹、洪涝及其引发的山体滑坡、泥石流等灾害对农业的影

响不断加大，造成的损失增加。如 2017 年 8 月，海东、海南、黄南共遭受冰雹灾害 10 起，冰雹使 4843.1 $hm^2$ 农作物受灾，农作物成灾面积 3248.9 $hm^2$。2019 年 8 月，大通出现暴雨洪涝灾害，致使 19 个乡镇受灾，农作物受灾面积 6957.4 $hm^2$、成灾面积 6275.7 $hm^2$，粮食减产 1125.5 万 kg。

## 2.4　对畜牧业的影响

### 2.4.1　牧草物候期

研究青海省 20 个生态监测站发育期观测资料发现，2003—2019 年青海省牧草返青期平均日序 133 d(5 月 13 日)，总体变化趋势不明显，但阶段性变化明显，2010 年以前年际间振幅较大，2010 年以后平均每 10 年提前 4.2 d(图 2.19a)。黄枯期平均日序 267 d(9 月 24 日)，总体呈略微延迟趋势，2010 年以后延迟趋势明显，平均每 10 年延迟 1.6 d(图 2.19b)。受返青期和黄枯期变化影响，牧草生长期在 2010 年以前年际间变幅较大，2010 年以后呈延长趋势，平均每 10 年延长 5.9 d(图 2.19c)。

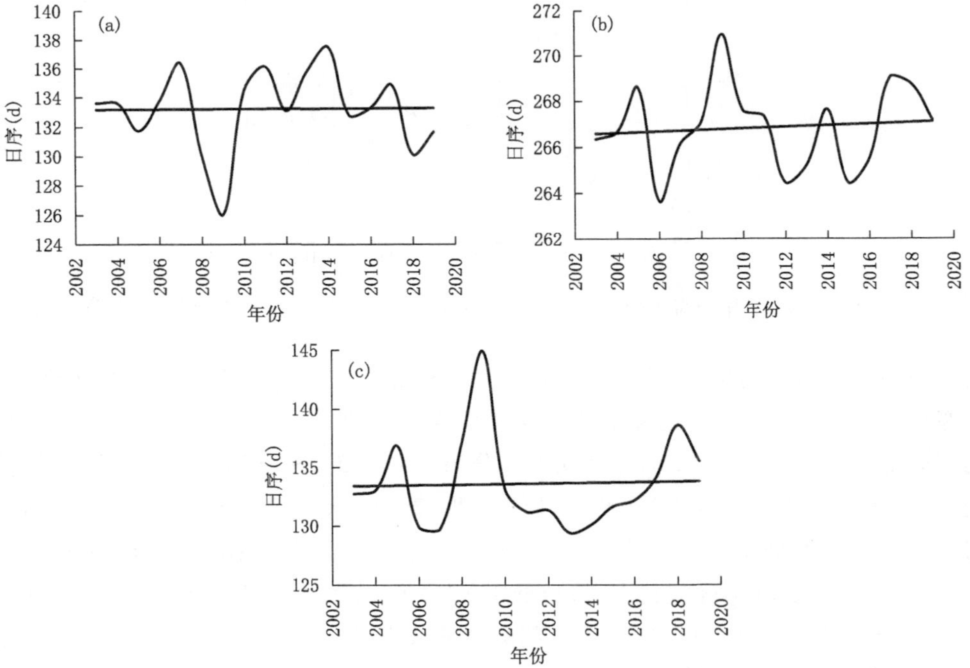


图 2.19　2003—2019 年青海省返青期(a)、黄枯期(b)和生长期(c)变化

青海省各地返青期变化趋势在空间上差异较大，其中沱沱河、清水河、班玛、海晏、久治等地提前趋势明显，平均每 10 年提前 3.3～11.6 d，托勒、祁连、刚察及青海

中东部地区呈推迟趋势，平均每 10 年推迟 2～10.5 d(图 2.20a)。

青海省大部分地区黄枯期呈提前趋势，其中沱沱河、玛多、囊谦、清水河等地黄枯期明显提前，平均每 10 年提前 3.5～8.2 d，久治、杂多、玛沁等地黄枯期推迟，平均每 10 年推迟 1.0～10.5 d(图 2.20b)。

青海省全区平均生长期为 133.6 d，托勒、祁连、玛多、泽库等地生长期呈缩短趋势，平均每 10 年缩短 2.0～15.1 d，久治、班玛、清水河等地生长期呈延长趋势，平均每 10 年延长 3.5～15 d(图 2.20c)。

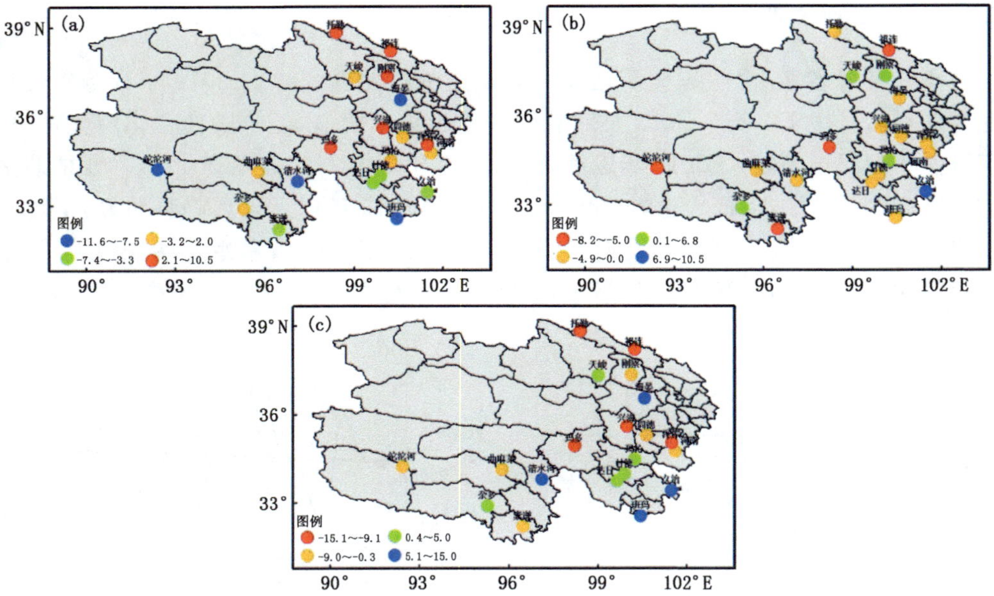


图 2.20　2003—2019 年青海省牧草返青期(a)、黄枯期(b)和生长期(c)变率分布(单位：d/10a)

王力等(2018)利用 1997—2016 年青海省海北州牧业气象观测站资料研究典型高寒草甸化草原 9 种优势植物的物候期变化特征，结果表明，9 种优势植物的返青期大部分集中在第 100～115 d，黄枯期大部分集中在第 265～285 d，生长期的时间差异较大，从第 120～230 d 不等。另外，有研究表明，高寒草地返青期和黄枯期与海拔有密切的关系，随着海拔上升分别呈现出显著推迟和提前趋势，变化幅度为 1.59 d/100m 和 −0.23 d/100m。在年际变化上，海拔低于 3200 m 地区返青期提前(−0.049 d/(a·100m))，而在高于 3200 m 地区，提前趋势显著减小(0.033 d/(a·100m))，黄枯期的年际变化随海拔升高表现为推迟减弱而后提前增大(李兰晖 等，2017)。李鹏(2017)基于三套遥感影像资料分析了 1982—2012 年青藏高原区域植被黄枯期的时空变化特征，指出青藏高原区域植被黄枯期介于 260～300 d，整个研究区域内黄枯期变化趋势不明显，祁连山针叶林、高寒草甸生态区和三江源高寒草甸生态区植被的黄枯期随海拔梯度的升高而提前。

### 2.4.2　草地生产力

2003—2019 年，青海省牧草草层高度年际波动较大，总体呈增加趋势，平均每 10 年增加 1.9 cm(图 2.21a)。覆盖度总体呈增加趋势，平均每 10 年增加 2.5%，但阶段性变化特征较为突出，2012 年以前覆盖度呈增加趋势，2012 年以后呈减小趋势(图 2.21b)。2003 年以来青海省全区生物量总体呈减小趋势，平均每 10 年减少 25.6 kg/亩*，大致以 2010 年为界，2003—2010 年以前生物量呈增加趋势，平均每 10 年增加 103.9 kg/亩，2011—2019 年受植被类型变化等因素影响，生物量呈减少趋势，平均每 10 年减少 75.1 kg/亩(图 2.21c)。

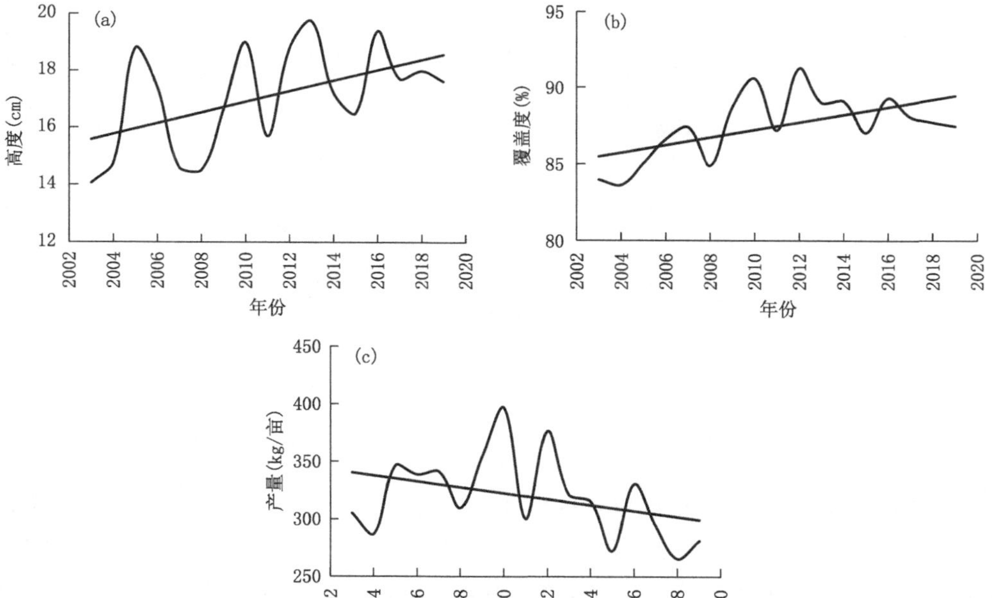


图 2.21　2003—2019 年青海省牧草年平均高度(a)、覆盖度(b)和产量(c)变化

2003—2019 年，青海平均草层高度为 17 cm，除河南、泽库和天峻地区呈明显减小外，其余地区呈增加趋势，其中同德的增加幅度最大，平均每 10 年增加 7.2～13.3 cm(图 2.22a)。

2003—2019 年，青海平均牧草覆盖度为 87.5%，各地牧草覆盖度主要以增加为主，其中同德、海晏、托勒、沱沱河增加幅度较大，平均每 10 年增加 10.1%～21.2%，

---

* 1 亩＝666.7 $m^2$，下同。

曲麻莱、清水河、达日等地牧草覆盖度呈减少趋势，但变化幅度在 10% 以内（图 2.22b）。

2003—2019 年，青海平均生物量为 319.8 kg/亩，久治、达日、泽库、曲麻莱等地生物量呈减小趋势，平均每 10 年减少 26.8～204.2 kg/亩，祁连、天峻、海晏等地生物量呈增加趋势，平均每 10 年增加 11.8～118.6 kg/亩（图 2.22c）。

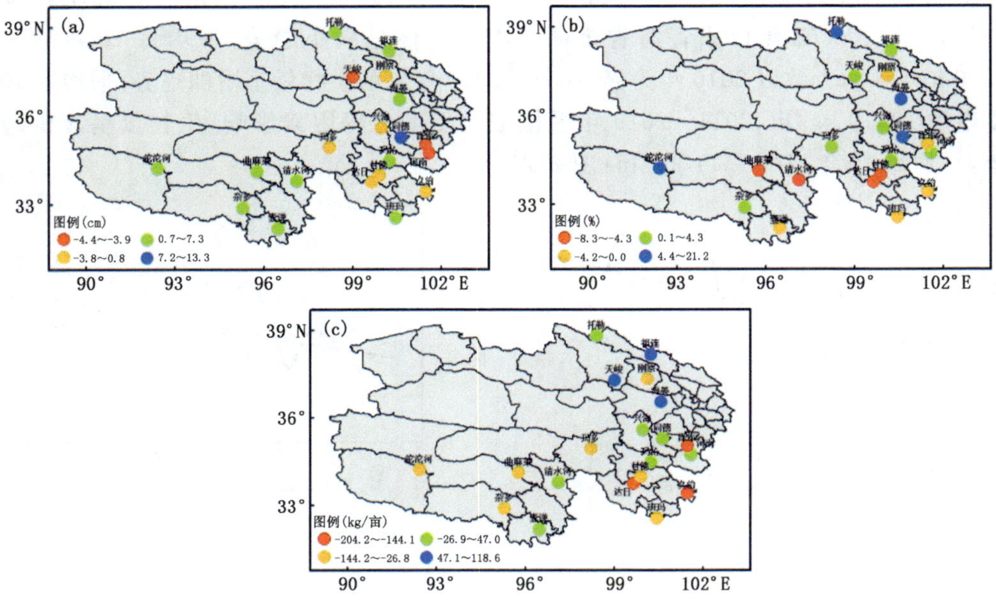


图 2.22　2003—2019 年青海省牧草年平均高度(a)、覆盖度(b)和产量(c)变率分布

青藏高原草地生长季植被覆盖度整体呈显著上升趋势，速率为 0.7 %/10a，空间上自西北向东南呈递增的分布规律，植被覆盖度显著增加的区域占总面积的 20.77%，主要集中在青南草甸草原、祁连山草原地带，且低海拔区域植被覆盖度增加幅度比高海拔区域显著。黄河源区最大植被覆盖度总体呈现改善趋势，空间分布由东北向西南逐渐下降，其中源区 59.88% 的植被状况趋于好转，以源区西南部、东北部、鄂陵湖以及东部湖泊周边和中部广大地区为主，而河谷地带、湖泊周边和山前冲积平原等受人类活动影响较大的区域植被覆盖度下降明显（陈超男，2019；王思琪，2020）。刘正佳等（2015）利用 1980—2012 年 MODIS-NDVI 数据，研究发现在年代际尺度上，青海地区 NDVI 呈显著增加趋势，尤其是三江源地区 NDVI 呈转好趋势，增长率为 0.01/a，同时，降水量的增加和温度的升高共同促进了该区域植被的良性发展。

### 2.4.3　牧业生产力

1990—2019年，青海省大牲畜年末存栏数多年平均为503.2万头，呈明显的阶段性变化，2000年以前呈显著的减小趋势，平均每10年减小221万头，2001年以后呈显著的增加趋势，平均每10年增加47万头，与2001—2018年平均值相比，2019年青海省大牲畜年末存栏数增加了72.3万头（图2.23a）。从青海省30年各市、州大牲畜存栏占比可以看出，玉树和果洛的大牲畜年末存栏占比总和达45%，海南、黄南和海北各占10%以上（图2.23b）。

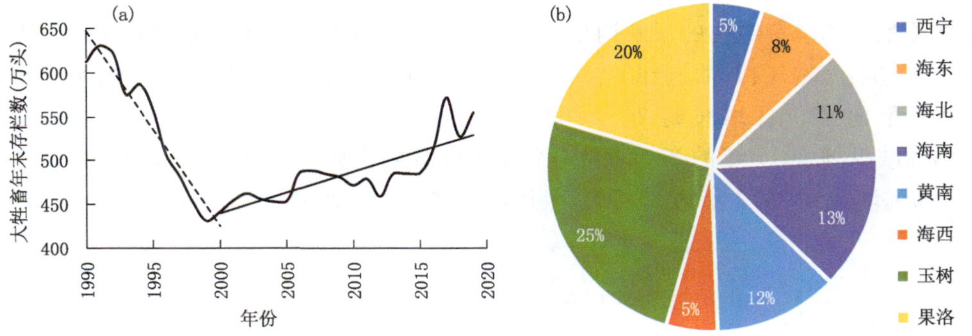


图2.23　1990—2019年青海省大牲畜年末存栏数(a)和地区大牲畜存栏数占比

1990—2019年，青海省大牲畜年末出栏数多年平均为96.2万头，总体呈显著的上升趋势，平均每10年增加25.3万头，与1990—2018年平均值相比，2019年青海省大牲畜年末存栏数增加了40.5万头（图2.24a）。相比于青海省地区大牲畜存栏数，玉树的大牲畜出栏数依旧稳居第一位，占比达到21%，其次为海南、果洛、黄南、西宁和海北的占比均在10%以上（图2.24b）。

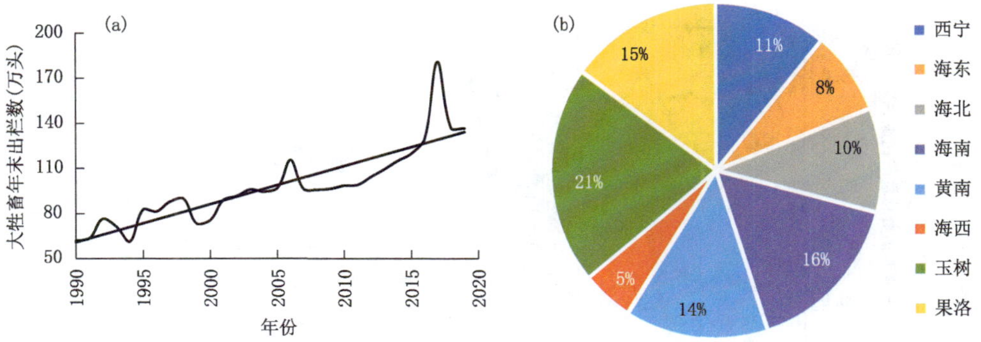


图2.24　1990—2019年青海省大牲畜年末出栏数(a)和地区大牲畜出栏数占比

## 2.5 对能源的影响

随着气候显著变暖，采暖能耗减少，夏季气温适宜，居民生活能源需求相对减少，城镇采暖期的采暖耗煤减少（杜岩 等，2010）。青海省自1998年气温呈显著增暖趋势，气候变暖后全省平均采暖期缩短9 d，各地采暖度日数普遍减少，尤以青海高原西南部减幅最大，采暖强度明显减弱（刘彩红 等，2013）。

青海省能源消费总量呈明显增加趋势，能源生产总量以每年1602.8万t标准煤的速率在增加，1990—2009年青海能源消费结构依次为煤炭、电力、石油、天然气，随着能源生产和消费结构的不断调整，2010—2017年青海省能源消费结构依次转变为电力、煤炭、天然气、石油，能源结构逐步向清洁能源转变，其中电力由1990年占能源消费总量的33.0%增长到2017年的41.1%，煤炭由1990年占能源消费总量的51.5%减少到2017年的32.1%，天然气比重增加明显，由1990年占能源消费总量的1.0%增加到2017年的15.7%，生产和消费结构逐步趋于合理（图2.25）。

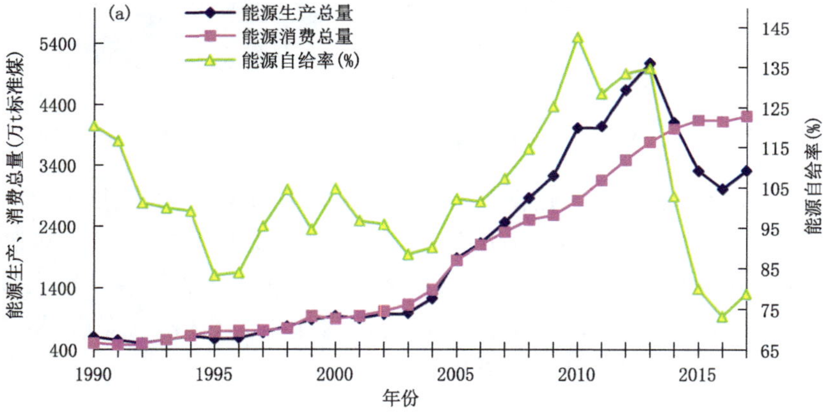


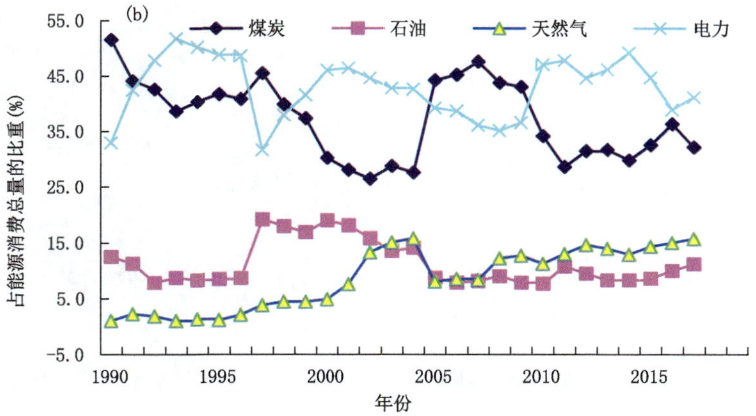


图2.25 1990—2018年青海省能源生产总量(a)、占能源消费总量的比重(b)变化

## 2.6 对人体健康的影响

受全球变暖影响，青海省极端低温天气日数减少，适宜温度天气日数增加，人体舒适天气日数明显增多，较舒服、舒服天数呈增加趋势，其中舒服、较舒服天数以每 10 年 6 d 的速度增加(图 2.26)，而冷、微冷天数以每 10 年有 3 d 的速度减少，尤其是 2000—2019 年冷、微冷天数较 1961—1999 年减少明显，减少幅度为 14 d。气候变暖，适宜户外运动天数增多，时间加长，有利于人体健康。风速变小、沙尘日数下降，降水增多，空气质量日趋好转，青海省大气环境背景质量以“优—良”为主，2017 年、2018 年所占比例均在 90%以上，其中以“良”为主的占比例近 60%。相比于 2017 年，2018 年空气质量指数“优—良”类别比例提高 2 个百分点，“轻—中度污染”所占比例相应下降 2 个百分点，$PM_{10}$污染主要与沙尘天气有关，2018 年 $PM_{10}$所占比例为 7%，较 2017 年降低了 3 个百分点(韩富财 等，青海省生态环境监测中心，2019)。

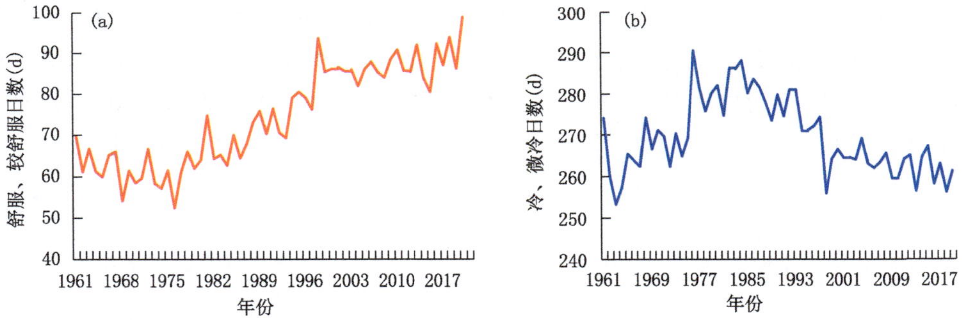


图 2.26　1961—2019 年青海省人体舒适度变化
(a)舒服、较舒服日数；(b)冷、微冷日数

## 2.7 对重大工程的影响

气候变化对青海重大工程的影响主要表现为：一是冰雪、雷暴、洪涝及泥石流、山体滑坡等极端气候事件的增多，增加了重大工程建设和安全运行危害。二是气温上升导致多年冻土大面积退化，冻胀、融沉作用加强，使得青藏公路、青藏铁路等重大工程维护成本增加。三是气候变暖使施工期延长，有利于重大工程建设施工进度的加快。四是气温升高、降水量增加有助于森林、草地生态系统的恢复和建设，有助于三江源生态保护与建设工程、退牧还草(林)和天然林保护工程的实施。

### 2.7.1 对青藏铁路的影响

气候变暖导致青藏高原多年冻土逐渐退化，对青藏铁路产生直接影响，不但降低了行车安全性、限制列车行车速度及通行能力，而且增加了后期运营维护成本。此外，降水量增加、气候湿化引发的地表水、地下水增加了对冻土的热侵蚀，不仅加速了冻土退化，同时极易引起水害侵袭。杨振等(2013)指出，青藏高原气候的暖湿化导致热融湖数量逐年增加，存在于公路、铁路两侧的热融湖对冻土路基的长期稳定具有极大威胁。持续增加的年降水和连续的极端降水诱发湖泊溃决，加剧了青藏公路、青藏铁路和兰西拉光缆被冲毁的风险(崔鹏 等，2014)。

### 2.7.2 对重大生态工程的影响

气候变暖导致三江源生态工程区植被返青期提前，冰川冻土融水增多，同时降水增加，对植被的生长起到了促进作用，减缓了荒漠化进程，荒漠面积减少，水体面积增加，有利于区域生态的恢复。天然林保护工程区和“三北”防护林体系建设工程区森林资源持续增长，生物多样性得到有效保护，植被防风固沙能力显著提升(李泽椿 等，2015；黄麟 等，2018)。退耕还林(还草)工程区林草覆盖度和蓄积量增加，土壤侵蚀降低，水土保持能力提高，土壤有机碳储量和肥力增加(崔晓临 等，2016；刘淑娟 等，2016；薛亚永 等，2017；赵娟 等，2019)。

# 第 3 章　未来气候变化及可能风险预估

## 3.1　未来基本气候变化特征

### 3.1.1　年平均气温

未来低(RCP2.6)、中(RCP4.5)、高(RCP8.5)三种排放情景下，青海省年平均气温将持续上升，气温变化速率分别为 0.025 ℃/10a、0.21 ℃/10a、0.60 ℃/10a(图 3.1)。与 1986—2015 年平均值相比，21 世纪近期(2021—2040 年)、中期(2046—2065 年)和末期(2080—2099 年)增温幅度见表 3.1，可以看出在未来不同排放情景下气温均呈升高趋势，升高幅度在 1.7～5.5 ℃。

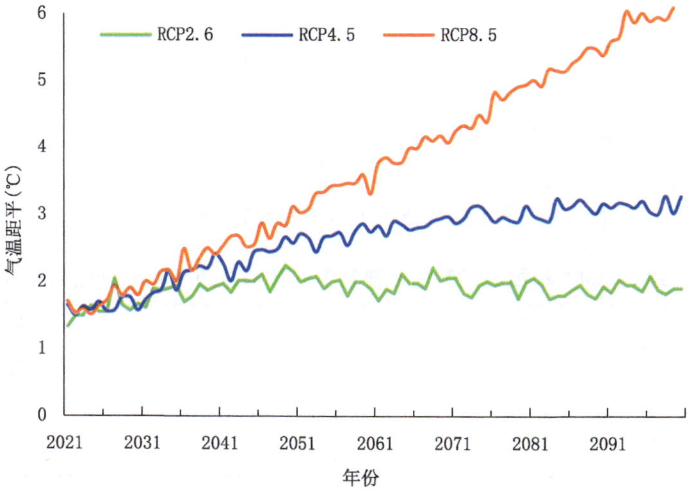


图 3.1　不同排放情景下未来青海省年平均气温变化

**表 3.1　与 1986—2005 年相比不同排放情景下年平均气温升温幅度(单位:℃)**

| 排放情景 | 近期 | 中期 | 远期 |
|---|---|---|---|
| RCP2.6 | 1.7 | 1.9 | 2.0 |
| RCP4.5 | 2.0 | 2.7 | 3.3 |
| RCP8.5 | 1.9 | 3.1 | 5.5 |

### 3.1.2　年降水量

未来低(RCP2.6)、中(RCP4.5)、高(RCP8.5)三种排放情景下，青海年降水量呈增多趋势，但没有通过显著性检验，且年际间变率较大(图 3.2)。具体到未来不同时期降水量变化幅度见表 3.2，可以看出，在未来不同排放情景下，不同时期降水量距平百分率变化均在 20%以内。

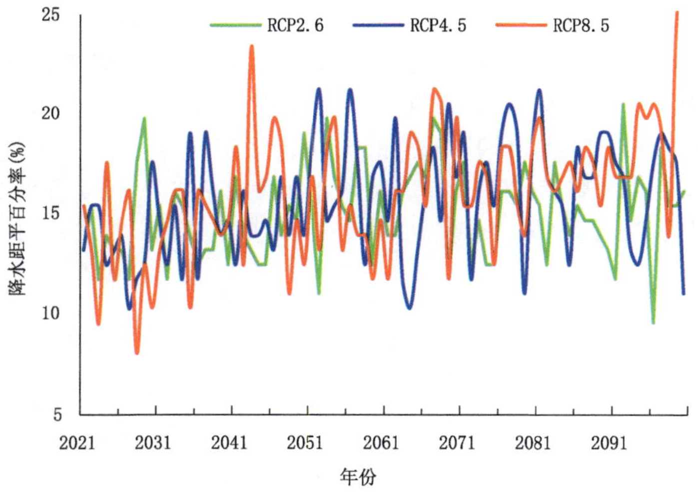


图 3.2　不同排放情景下未来青海省年降水量变化

**表 3.2　与 1986—2005 年相比不同排放情景下年降水量距平百分率变化幅度(单位:%)**

| 排放情景 | 近期 | 中期 | 远期 |
|---|---|---|---|
| RCP2.6 | 14.1 | 14.2 | 13.7 |
| RCP4.5 | 15.8 | 15.7 | 15.4 |
| RCP8.5 | 15.0 | 16.8 | 18.0 |

## 3.2　未来极端气候变化特征

### 3.2.1　极端气温指数

未来在中等排放情景下，2021—2100 年极端冷指数日数呈显著减少趋势，霜冻日数和冰封日数平均每 10 年分别减少 1.7 d 和 2.0 d。暖指数呈显著增加趋势，暖夜日数平均每 10 年增加 2.1 d(图 3.3)。与 1986—2015 年平均值相比，不同时期霜冻日数、冰封日数和暖夜日数变化幅度见表 3.3，可以看出，随着时间的推移，极端指数变化幅度越来越大。

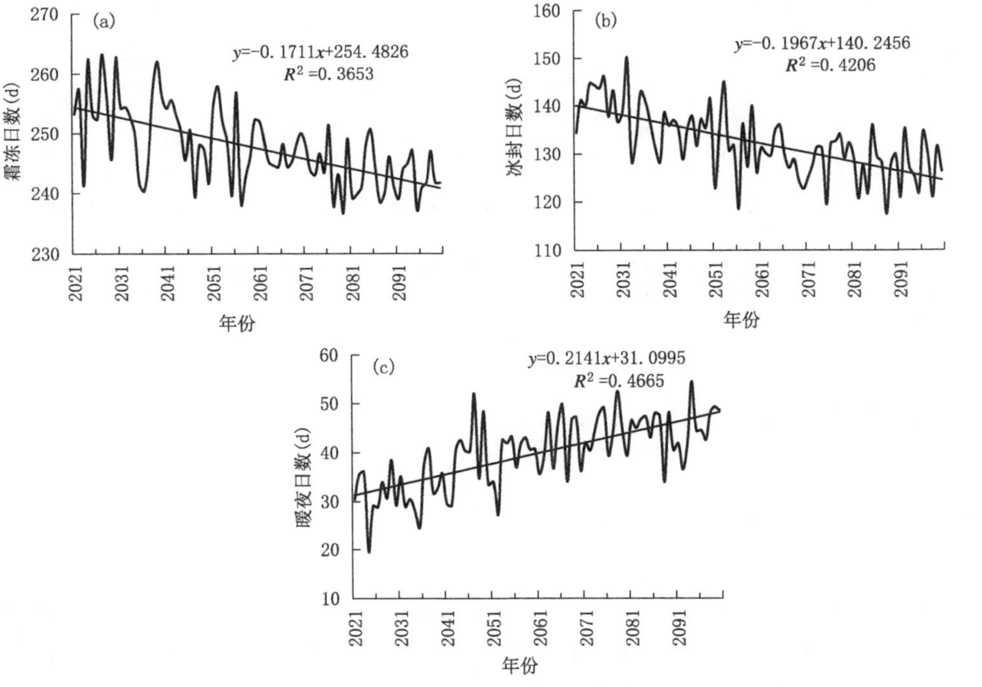


图 3.3　RCP4.5 排放情景下 2021—2100 年青海省霜冻日数(a)、冰封日数(b)和暖夜日数(c)变化

**表 3.3　与 1986—2005 年相比不同时期极端气温指数变化幅度(单位:d)**

| 排放情景 | 近期 | 中期 | 远期 |
| --- | --- | --- | --- |
| 霜冻日数 | －5.6 | －11.2 | －15.6 |
| 冰封日数 | －6.2 | －12.3 | －17.9 |
| 暖夜日数 | 11.9 | 20.3 | 24.5 |

### 3.2.2 极端降水指数

未来在中等排放情景下，2021—2100 年极端强降水量呈略微增加趋势，平均每 10 年增多 3.3 mm，持续干期呈略微减小趋势，平均每 10 年减小 0.6 d(图 3.4)。与 1986—2015 年平均值相比，近期、中期强降水量分别减少 1.7 mm、2.3 mm，远期强降水量增加 4.3 mm；持续干期分别减少 1.5 d、3.6 d 和 4.8 d(表 3.4)。

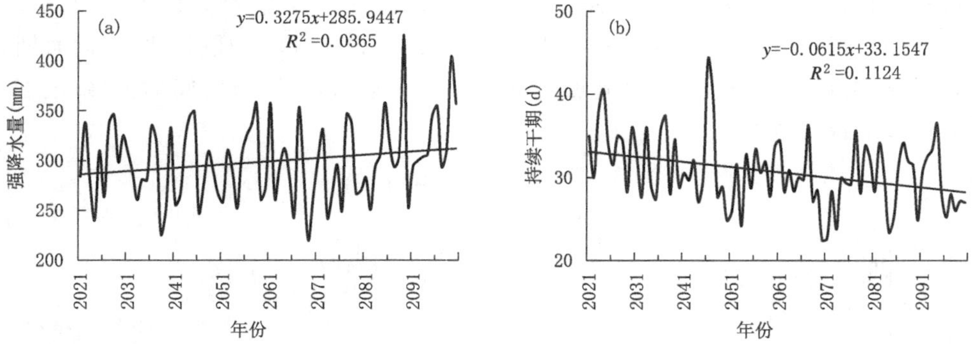


图 3.4 RCP4.5 排放情景下 2021—2100 年青海省强降水量(a)、持续干期(b)变化

**表 3.4 与 1986—2005 年相比不同时期极端降水指数变化幅度(单位:%、d)**

| 排放情景 | 近期 | 中期 | 远期 |
|---|---|---|---|
| 强降水量 | −1.7 | −2.3 | 4.3 |
| 持续干期 | −1.5 | −3.6 | −4.8 |

## 3.3 未来气候变化风险预估

未来青海省气候仍以变暖为主，降水略有增多，气候变化在短期内有利于植被覆盖度上升，净初级生产力增加，但随着气温的不断上升，可能会使灾害风险增强，受到高寒草甸分布区被灌丛挤占，多年冻土区面积将进一步减少等负面影响。

### 3.3.1 黄河上游流量

未来在气温升幅与降水减幅较大的“暖—干”气候组合情景下，流域产水量将有较大的减幅；当气温变化不大而降水增幅较大时，流域产水量将有明显的增加，同时由于冰雪及冻土融水的补给，此气候情景下黄河上游唐乃亥以上流域径流量的增幅还将略大于降水量的增幅(蓝永超 等，2004)。基于黄河上游未来气温显著升高、降水增幅不明显的预估趋势，未来流量可能减少。利用统计降尺度模拟黄河源区径流量未来 3 个时期（21 世纪 20 年代、21 世纪 50 年代和 21 世纪 80 年代）将分别减少 88.61 $m^3/s$（24.15%）、116.64 $m^3/s$（31.79%）和 151.62 $m^3/s$（41.33%）（赵芳芳等，2009）。

### 3.3.2　草地植被

三江源区面积最大的两类草地高寒草原和高寒草甸，与 1987—2016 年平均相比，在 RCP4.5 和 RCP8.5 情景下，2017—2046 年平均地上生物量分别下降了 25.62%～24.14%和 38.87%～34.84%。而亚高山山地草甸、高寒荒漠两种草地类型，虽然平均地上生物量值有不同程度的增加，但由于其面积较小，只占源区草地总面积的 0.37%～3%，因此，这几类草地生物量的增加对三江源地区草地状况改善所能起到的作用极为有限（张文娟，2018）。

预估未来气温升高，将为三江源生态保护区植被生长特别是草地的生长创造水热条件，有利于草地景观向其他景观类型扩张，但同时该地区蒸发量将持续上升，荒漠面积将局部扩大（吴绍洪 等，2020）。气温变暖导致三江源生态工程区植被返青期提前，冰川冻土融水增多，同时降水增加对植被生长起到了促进作用，水体面积增加，有利于区域生态的恢复。未来气候变暖有利于天然林保护工程区植被恢复与生长。暖湿化的气候促进“三北”防护林地区植被生长，强化“三北”防护林的生态效应和气候效应。

### 3.3.3　生物多样性

到 21 世纪远期，三成左右的中国陆地生态系统会面临物种多样性损失的风险，主要集中在青藏高原地区，降低的生物多样性会使得高海拔生态系统及其生境在未来气候变化下更加脆弱。Klein 等（2004）基于增温实验，得出气温升高导致青藏高原的物种多样性降低 26%～36%，并指出，含氮量、土壤湿度和空气温度较低以及杂类草植被较多的地区物种多样性损失风险最高，因为这些资源相对匮乏的地区的植被应对气候变化的缓冲能力较弱。增温带来的压力会使植物组织超过其所能忍受的热量极限，而增温导致的枯枝落叶积累的增加则会抑制植被的生长，进而减少生物多样性。

### 3.3.4　重大工程

青藏高原工程走廊是青藏公路、青藏铁路、兰西拉光缆等工程的聚集区域。气候变暖导致青藏高原多年冻土逐渐退化，模拟在 0.02 ℃/a、0.05 ℃/a 和 0.07 ℃/a 增温情景下，50 年后高原工程走廊多年冻土面积相对于现状将减少约 9280 $km^2$（减少率 13%）、13120 $km^2$（减少率 18%）和 15875 $km^2$（减少率 22%），退化主要发生在多年冻土边缘及高温极不稳定多年冻土区。从活动层厚度变化看，整个走廊活动层厚度增加明显，在 0.02 ℃/a 增温情景下，低温冻土区由现在的于 1.5 m 增加到大于 3.0 m，高温冻土地区活动层厚度增加了 0.5～1.0 m。而 0.05 ℃/a 和 0.07 ℃/a 情景下，整个走廊带多年冻土区活动层增加幅度更加显著(马巍 等，2016)。气候干暖化情景下天然林保护工程土壤中的碳被释放回大气的风险增高(吴绍洪 等，2020)。

# 第4章 适应气候变化对策建议

## 4.1 持续推进生态环境保护

以国家公园建设为契机，建立以三江源国家公园和祁连山国家公园为主体的自然保护地体系，实现草原生态系统保护与利用的协调发展。依据自然保护地按生态价值和保护强度高低依次分为国家公园、自然保护区和自然公园三级体系。草原类国家公园和自然保护区主要对少数具有代表性的草原生态系统、草原生物多样性的集中分布区和珍稀濒危动植物的栖息地保护为主，兼顾草原资源的可持续利用；草原自然公园则以生态保护和合理利用示范为主要目的，兼顾草原生态旅游、科研监测、宣传教育等功能。通过三级保护体系的建设，促进草原资源的合理利用和有效保护，实现草原生态系统保护与利用的协调发展（黄世魁，2020）。

加强放牧管理，保护生物多样性。当草地生态系统处于中等（轻度或中度）放牧强度时，物种丰富度和地上生物量同时达到理想的水平。因此应该在草地放牧中施加中等水平的放牧强度（张中华 等，2018）。

治理退化草地。对于轻、中度退化草地，采取“保原增多”的草地治理原则（赵亮 等，2013），即保持原有物种，增加牧用型物种，提高其物种多样性；对于黑土滩重度退化草地，根据当地地形气候条件，进行分类治理（赵新全 等，2011；赵亮 等，2013；周华坤 等，2016），保持较好的生产生态功能稳定性（张中华 等，2018）。

促进森林资源可持续发展和森林碳汇。对于高海拔地区主要通过保护措施提高林地保有量；对于海拔相对较低地区，采取人工补植以及防治森林病虫害等综合措施，提升森林质量，同时加强森林资源培育，优化林分树种结构，提高森林生态系统多样性；人口密集地区加强建设项目使用林地审核审批，严厉打击毁林开垦、非法占用林地等行为。

维护和提升湿地生态系统服务功能。科学确定湿地生态需水量，通过调水引流、生态调度等措施，保障重要河流湖泊的生态需水及重要流域枯水期的生态基流；加快推进青海湖、扎陵湖—鄂陵湖湿地保护修复工程、退耕还湿工程；完善湿地保护与修复监督考核和责任追究机制，完善监测评价、生态效益补偿等相关政策，提高生态风险预警能力，防止湿地生态系统特征发生不良变化。

因地制宜开展荒漠化土地恢复治理。编制符合青海省实际的荒漠化土地防治规划，对于东部共生区等自然条件相对优越、荒漠化土地具有治理可能性且对人民群众生产生活造成一定危害的荒漠化土地，要在自然修复的基础上，因地制宜地选择治沙技术和模式，设置沙障、人工造林封山(沙)育林相结合，人工造林以沙生植物和乡土灌木树种为主，推进工程治理；对于西北干旱区及其他区域气候暖湿化趋势明显的荒漠化土地，通过种植适应能力强、成活率高、耐热耐旱能力好的物种，提高植被覆盖率；将气候条件恶劣且难以治理的荒漠化土地划为封禁区，采取生态移民、禁采禁牧等措施，加大原有植被的保护力度，禁止一切破坏植被的活动。

## 4.2 加强水资源合理利用

未来气候变化背景下，青海省水资源短缺、时空分布不均的问题依然突出。水资源短缺是制约农业生产、草原植被覆盖度、森林覆盖率的重要因素。水资源时间上分布不均导致汛期降水集中，容易发生洪涝灾害，而春末夏初缺少有效降水导致出现不同程度的农业、草原干旱。因此，应重点从以下几个方面加强对水资源的合理利用：

继续加大空中云水资源开发利用力度。青海省 20 余年的人工增雨雪作业为缓解水资源短缺、改善农业生产条件以及生态环境方面发挥了积极作用。今后应继续加大人工增雨作业区域，同时加强对作业空域协调力度，从而不断增加人工增雨效果，缓解水资源短缺矛盾。

进一步增强防洪能力建设。由于汛期降水集中，极端降水强度不断趋强，全省洪涝灾害每年都有发生。因此，一方面要进一步增强城市排洪能力建设，减少强降水导致城市积水现象。对于现有排水管网，应结合实际情况逐步增加排洪能力，对于新建排水管网应结合当地极端强降水情况增加设计标准。另一方面，青海省广大农村地区在遭遇洪涝灾害时造成的损失较大，根本原因在于农村地区基础设施薄弱，排水能力严重不足。因此结合乡村振兴工作，重点改善农村地区尤其是山区村庄排水能力建设，避免或减少由于排水设施不足造成房屋倒塌、人员伤亡事故。

大力推广旱地农业和节水农业技术，采取涵养水源，调蓄水流以截取丰水期的自然降水，实现自然降水的人工时空再分配等。继续推进农田改造(土地平整)，提高农田截蓄水能力，提高自然降水的利用率。

## 4.3 适当调整农业生产布局

气候变暖无疑使作物生长的热量条件改善，生长季延长，因此可以适当扩大作物种植界线，增加种植面积，从而提高粮食产量。在灌溉条件较好、海拔相对较低的地区，可以增加冬小麦种植面积，减少春小麦种植面积，增加产量；而在海拔相对较高或没有灌溉条件的地区，可以适当增加春小麦、马铃薯、油菜种植面积；在热量条件较好但灌溉条件差的地区，可以适当增加耐旱性覆膜玉米种植面积，同时适当扶持发展以玉米秸秆等作物秆茎为原料的农村饲料加工产业，为农村养殖业健康发展创造条件。

由于生长季开始日期提前，一些农作物可适当提前播种，春季低温冷害的不良影响将有所缓解。冬季增温的幅度较大，有利于温棚蔬菜经济作物等的安全越冬，生长发育较充分，产量增加。同时要充分利用无霜期延长的气候特点适当提高复种指数。改进作物品种布局，有计划地培育和选用抗旱、抗高温、抗逆、抗病虫害的品种，强化优势农产品的规模化种植。

## 4.4　进一步增强畜牧业可持续发展能力

进一步加强草业及草地畜牧业科学研究，根据草地牧业的要求，研究牧区牧民定居后天然草地和人工草地的合理配置，不同草食家畜放牧管理及配套饲养技术等草地畜牧业的综合发展技术，研究草地生态系统与草地畜牧业持续发展理论，研究草地建制、管理、利用综合配套技术，提高草地畜牧业的科技含量，建设可持续发展综合试验区，为草地畜牧业可持续发展创造典型范例(董全民 等，2017)。

科学发展现代畜牧业。加大保护草地力度，确保草畜平衡，在三江源实施休牧育草，以草定畜。加强现代家庭牧场建设提高牲畜生产率。加快畜牧业结构调整，提高畜牧业生产效益。以农业生产方式(施肥、灌溉、良种等措施)大面积种植人工牧草，并辅以饲料作物，建立人工饲草基地，大力发展现代化舍饲畜牧业，增强牲畜畜牧业抵御极端天气的能力，提高畜牧业可持续发展能力(董全民 等，2017)。

## 4.5　持续推进能源结构布局

认真推进落实青海省建设国家清洁能源示范省工作方案，提高清洁能源开发利用水平和清洁能源生产比重。充分利用风能、太阳能资源禀赋，进一步推进风电、光伏发电规模基地建设，建立以清洁能源为主的电力供应结构。发展光伏发电、光热发电、风光互补、水光互补、分布式能源等新形态。提升电网消纳风电、光伏发电等的能力。

进一步推进天然气输送管路建设，并逐步向有条件的、人口密度相对较大的农村地区延伸，从而降低煤炭等高污染能源在居民取暖、生活方面的消耗量。

## 4.6 切实落实气候可行性论证工作

根据新修订的《气候可行性论证管理办法》及实施细则，积极推进气候可行性论证在政府审批平台建设落地工作；及时完善审批流程、技术规范；规范气候可行性论证工作机构、气候可行性论证报告评审制度；切实将气候可行性论证工作纳入受气候条件影响明显的重大基础设施、大型工程建设、区域性经济开发、区域农牧业结构调整、大型太阳能、风能等气候资源开发利用建设项目前期审批环节，规避气候变化带来的气候风险。

## 4.7 进一步增强青海省应对气候变化工作能力

一是加强气候变化科学研究。重点研究未来青海省气候变化趋势及不同排放情景下气候风险大小，摸清气候变化对水资源、生态环境等敏感行业的影响特征，针对青海未来发展规划、重大战略等制定适应气候变化的对策。

二是完善政府主导、部门联动的应对气候变化工作机制。应对气候变化工作涉及方方面面，涉及不同领域各个部门。因此，为了协调推进青海省应对气候变化工作，应按照《青海省应对气候变化办法》，强化政府主导作用，强化不同领域牵头部门的引领作用，强化相关领域部门间的协同能力，共同做好青海省应对气候变化工作。结合应对气候变化工作中面临的一些新问题，适时对《青海省应对气候变化办法》进行修订完善。

# 参考文献


蔡占庆，2019. 基于遥感和水文模型的三江源湿地变化研究[D]. 杭州：杭州师范大学.

陈超男，2019. 青藏高原草地生长季地表反照率时空变化及其驱动力分析[D]. 开封：河南大学.

崔鹏，陈容，向灵芝，等，2014. 气候变暖背景下青藏高原山地灾害及其风险分析[J]. 气候变化研究进展，10(2)：103-109.

崔晓临，雷刚，王涛，等，2016. 退耕还林还草工程实施对洛河流域土壤侵蚀的影响[J]. 水土保持研究，23(5)：68-73.

丁永建，2017. 西北地区生态变化评估报告[M]. 北京：科学出版社.

董全民，尚占环，杨晓霞，等，2017. 三江源区退化高寒草地生产生态功能提升与可持续管理[M]. 西宁：青海人民出版社.

董世魁，汤琳，张相锋，等，2016. 高寒草地植物物种多样性与功能多样性的关系[J]. 生态学报，37(5)：1472-1483.

杜岩，陈莉，罗冰，等，2010. 近 55 a 来中国严寒和寒冷地区主要城镇采暖期后条件的变化研究[J]. 黑龙江气象，27(4)：27-30.

樊启顺，沙占江，曹广超，等，2005. 气候变化对青海高原冰川资源的影响评价[J]. 干旱区资源与环境，(05)：56-60.

干珠扎布，段敏杰，郭亚奇，等，2015. 喷灌对藏北高寒草地生产力和物种多样性的影响[J]. 生态学报，35(22)：7485-7493.

郭佳，张宝林，高聚林，等，2019. 气候变化对中国农业气候资源及农业生产影响的研究进展[J]. 北方农业学报，47(1)：105-113.

韩富财，张得发，刘雅倩. 2019. 浅析青海省大气环境背景质量现状及气象因素的影响[J]. 青海环境，29(3)：111-115.

韩学义，2018. 循化县线辣椒种植现状及对策[J]. 现代农业科技，13：87-90.

黄麟，祝萍，肖桐，等，2018. 近 35 年三北防护林体系建设工程的防风固沙效应[J]. 地理科学，38(4)：600-609.

黄世魁. 建设国家公园省保护草原生物多样性[N]. 青海日报，2020-8-19(3).

江志红，陈威霖，宋洁，等，2009. 7 个 IPCC AR4 模型对中国地区极端降水指数模拟能力的评估及其未来情景预测[J]. 大气科学，33(1)：109-120.

蒋宗立，刘时银，郭万钦，2018. 2000—2013 年黄河源区阿尼玛卿山冰川区数字高程模型及表面高程变化数据集[J]. 中国科学数据(中英文网络版)，v. 3(04)：28-35.

金姗姗，付姣，2013. 基于多时相 Landsat TM/ETM 的阿尼玛卿山冰川变化监测[J]. 北京测绘，108(01)：20-23＋10.

金章东，张飞，王红丽，等，2013. 2005 年以来青海湖水位持续回升的原因分析[J]. 地球环境学报，4

(3):1355-1362.
蓝永超,丁永建,朱云通,等,2004.气候变暖情景下黄河上游径流的可能变化[J].冰川冻土,26(6):668-673.
李兰晖,刘林山,张镱锂,等,2017.青藏高原高寒草地物候沿海拔梯度变化的差异分析[J].地理研究,36(1):26-36.
李林,时兴合,申红艳,等,2011.1960—2009年青海湖水位波动的气候成因探讨及其未来趋势预测[J].自然资源学报,26(09):1566-1574.
李娜,王根绪,杨燕,等,2011.短期增温对青藏高原高寒草甸植物群落结构和生物量的影响[J].生态学报,31(4):895-905.
李鹏,2017.青藏高原植被枯黄期的时空变化及其对极端气候事件的响应[D].杨凌:西北农林科技大学.
李泽椿,郭安红,延昊,等,2015.气候变化对生态保护工程的影响[J].气候变化研究进展,(11):179-184.
刘彩红,苏文将,2013.气候变暖对青海高原采暖能耗的影响及预估[J].南京信息工程大学学报,5(6):494-500.
刘德祥,董安祥,邓振镛,2005.中国西北地区气候变暖对农业的影响[J].自然资源学报,20(1):119-125.
刘淑娟,张伟,王克林,等,2016.桂西北典型喀斯特峰丛洼地退耕还林还草的固碳效益评价[J].生态学报,36(17):5528-5536.
刘正佳,邵全琴,王丝丝,等,2015.21世纪以来青藏高寒草地的变化特征及其对气候的响应[J].干旱区地理,38(2):275-282.
马巍,周国庆,牛富俊,等,2016.青藏高原重大冻土工程的基础研究进展与展望[J].中国科学基础,6:9-19.
秦大河,2014.三江源区生态保护与可持续发展[M].北京:科学出版社.
青海省政协人口资源环境委员会,农工党青海省委,2019.青海省湿地保护情况的调研报告[J].青海环境,115(01):15-18.
屈柳燕,王靖,刘泽华,等,2017.青海共和县小麦和油菜物候对气候变化的响应[J].青海草业,26(3):31-46.
邵全琴,樊江文,刘纪远,等,2017.基于目标的三江源生态保护和建设一期工程生态成效评估及政策建议[J].中国科学院院刊,32(01):35-44.
汪赢政,李佳,吴立新,等,2020.1987—2018年祁连山冰川变化遥感监测及影响因子分析[J].冰川冻土,42(2):344-356.
王凯,杨太保,何毅,等,2015.近30年阿尼玛卿山冰川与气候变化关系研究[J].水土保持研究,110(03):300-303+308.
王力,张强,2018.近20年青藏高原典型高寒草甸化草原植物物候变化特征[J].高原气象,37(6):1528-1534.
王思琪,2020.基于Landsat和MODIS NDVI时序数据的黄河源植被覆盖度提取和变化分析[D].北京:中国地质大学.

王天慈,卢丽华,刘国祥,等,2020.青海湖湖滨湿地演变与驱动因素分析[J].中国水利水电科学研究学报,18(4):1-9.

吴绍洪,赵东升,2020.中国气候变化影响、风险与适应研究新进展[J].中国人口资源与环境,30(6):1-9.

吴素霞,常国刚,李凤霞,等,2008.近年来黄河源头地区玛多县湖泊变化[J].湖泊科学.20(03):364-368.

徐保风,2018.论实现气候公正的普惠性道德目标[J].伦理学研究,(5):37-42.

薛亚永,王晓峰,2017.黄土高原森林草原区退耕还林还草土壤保持效应评估[J].干旱地区农业研究,35(5):122-128.

杨萍,张海峰,曹生奎,2013.青海湖水位下降的生态环境效应[J].青海师范大学学报(自然科学版),115(03):62-64.

杨振,温智,牛富俊,等,2013.多年冻土区热融湖研究现状与展望[J].冰川冻土,35(6):1519-1526.

张强,姚玉璧,李耀辉,等,2015.中国西北地区干旱气象灾害监测与减灾技术研究进展及其展望[J].地球科学进展,30(2):196-213.

张文娟,2018.气候变化与放牧管理对三江源草地生物量和土壤有机碳的影响[D].兰州:兰州大学.

张秀云,姚玉璧,杨金虎,等,2017.中国西北气候变暖及其对农业的影响对策[J].生态环境学报,26(9):1514-1520.

张中华,周华坤,赵新全,等,2018.青藏高原高寒草地生物多样性与生态系统功能的关系[J].生物多样性,26(2):111-129.

赵芳芳,徐宗学,2009.黄河源区未来气候变化的水文响应[J].资源科学,31(5):722-730.

赵娟,刘任涛,刘佳楠,等,2019.北方农牧交错带退耕还林与还草对地面节肢动物群落结构的影响[J].生态学报,39(5):1653-1663.

赵亮,徐世晓,周华坤,等,2013.高寒草地管理手册[M].成都:四川科技出版社.

赵新全,2011.三江源区退化草地生态系统恢复与可持续管理[M].北京:科学出版社.

赵艳艳,周华坤,姚步青,等,2015.长期增温对高寒草甸植物群落和土壤养分的影响[J].草地学报,23(4):665-671.

中国气象局气候变化中心,2020.中国气候变化蓝皮书.59-60.

周华坤,姚步青,于龙,等,2016.三江源区高寒草地退化演替与生态恢复[M].北京:科学出版社.

周华坤,周兴民,赵新全,2000.模拟增温效应对矮嵩草草甸影响的初步研究[J].植物生态学报,24(5):547-553.

周义,覃志豪,包刚,2011.气候变化对农业的影响及应对[J].中国农学通报,27(32):299-303.

朱宝文,宋理明,李周藏,等,2007.气候变化对青海门源小油菜生产的影响[J].中国农业气象,28(增):56-58.

GIBSON L, LYNAM A J, BRADSHAW C J A, et al., 2013. Near-complete extinction of native small mammal fauna 25 years after forest fragmentation[J]. Science, 341(6153): 1508-1510.

KLEIN J A, HARTE J, ZHAO X Q, 2004. Experimental warming causes large and rapid species loss, dampened by simulated grazing, on the Tibetan Plateau [J]. Ecology Letters, 7 (12):

1170-1179.

MIRZA M M Q,2003. Climate change and extreme weather events: Can developing countries adapt [J]. Climate Policy,3:233-248.

PARRY M L,CANZIANI O F,PALUTIKOF J P,et al. ,2007. Climate change 2007:Impacts,adaptation and vulnerability[R]. Cambridge: Cambridge University Press.